Primera edición. 2025.

A todos aquellos, maestros, alumnos, demandantes, demandados, abogados y peritos que contribuyeron a esta obra indirectamente.

Manual para el Peritaje Metalúrgico y otras Ingenierías.

NO TODA PERSONA QUE SE IDENTIFIQUE COMO PERITO ES PERITO.

NADIE ES PERITO HASTA QUE SE DEMUESTRE LO CONTRARIO.

Índice

Introducción 6

Presenta los objetivos y la relevancia del Manual de Peritaje Metalúrgico en México, destacando su contribución al articular normas internacionales de ingeniería con el marco jurídico nacional. Expone la utilidad del manual como referencia para enfrentar los retos actuales en litigios, auditorías industriales y arbitrajes técnicos, donde es indispensable contar con métodos y criterios actualizados y confiables.

Acrónimos, Siglas y Definiciones 9

Compila las abreviaturas, términos técnicos y conceptos clave empleados a lo largo del manual. Esta sección facilita la comprensión de los capítulos posteriores y estandariza la terminología utilizada en el campo del peritaje metalúrgico.

Capítulo I. Correlación de la Metalurgia con Otras Ingenierías 19

Aborda la relación entre la metalurgia y otras ramas de la ingeniería, resaltando cómo los fundamentos y metodologías metalúrgicas se integran y aplican en contextos interdisciplinarios, fortaleciendo la práctica profesional y la validez de los dictámenes periciales.

Capítulo II. Fundamentos Jurídicos del Peritaje 42

Examina el marco legal que regula la actividad pericial en México, describiendo las normas nacionales e internacionales relevantes y la manera en que estas influyen en la elaboración y presentación de dictámenes técnicos ante instancias judiciales y arbitrales.

Capítulo III. El Perito en el Sistema Acusatorio 76

Detalla el papel del perito dentro del sistema acusatorio mexicano, así como las competencias y obligaciones que debe cumplir al actuar como consultor técnico-jurídico. Se enfatiza la importancia de la validación formal por parte de la autoridad judicial y el rol del perito como auxiliar de la justicia.

Capítulo IV. Metodología Científica del Peritaje Metalúrgico 83

Explora la aplicación rigurosa de métodos científicos en el análisis pericial, incluyendo técnicas de análisis microestructural y fractográfico. Esta sección explica el proceso para determinar la causalidad técnica y la responsabilidad legal a partir de evidencias materiales y documentales.

Capítulo V. El Dictamen Pericial Metalúrgico 108

Describe la estructura, elementos esenciales y criterios de elaboración de un dictamen pericial metalúrgico. Presenta la importancia de fundamentar las conclusiones en estándares reconocidos y en la metodología aceptada, estableciendo el nexo causal entre deficiencias técnicas y daños.

Capítulo VI. Casos Prácticos y Estudios Reales 145

Incluye ejemplos y análisis de casos concretos que ilustran la aplicación práctica de los principios y métodos expuestos en el manual. Permite visualizar cómo se desarrollan los procesos de peritaje en escenarios reales y la importancia de la ética y la independencia técnica.

Capítulo VII. Desafíos y Perspectivas 165

Analiza los principales retos actuales que enfrenta el peritaje metalúrgico en México, tales como la actualización normativa, la evolución tecnológica y la creciente demanda de dictámenes sólidos. Explora posibles escenarios futuros y oportunidades de mejora en la práctica profesional.

Capítulo VIII. Sumario Estratégico y Proyección del Peritaje Metalúrgico 170

Recapitula los puntos clave abordados en el manual y ofrece una visión estratégica para el desarrollo y consolidación del peritaje metalúrgico. Plantea recomendaciones para fortalecer la formación, la ética y la autoridad técnica de los peritos en México.

Bibliografía 188

INTRODUCCIÓN.

Manual de Peritaje Metalúrgico en México: Fundamentos, Competencias y Práctica Profesional

Propósito y Relevancia del Manual

El Manual de Peritaje Metalúrgico en México tiene como objetivo brindar una visión integral de la práctica aceptada del peritaje metalúrgico en el país. Su propósito es articular las normas internacionales de ingeniería con el marco jurídico nacional, respondiendo a la creciente importancia del peritaje en contextos como litigios, auditorías industriales y arbitrajes técnicos. En estos escenarios, se exigen métodos actualizados y referencias confiables, por lo que el Manual busca satisfacer dichas demandas.

Temas Esenciales Abordados

LA ESTRUCTURA DEL MANUAL se centra en la intersección entre causalidad técnica y responsabilidad legal. Se explora el proceso de la ingeniería forense metalúrgica, desde el análisis microestructural y fractográfico hasta la defensa del dictamen ante foros legales. El enfoque recae en el estándar de cuidado aplicado a la fabricación y operación, la metodología de análisis de falla y la elaboración de matrices de cumplimiento normativo que vinculan desviaciones técnicas con incumplimientos de obligaciones legales. El Manual enfatiza la ética, la independencia y la autoridad técnica para respaldar dictámenes sólidos, aun frente a intereses establecidos.

Competencias y Calificaciones del Perito Metalúrgico

EL DOCUMENTO DEFINE al perito metalúrgico como un consultor técnico-jurídico especializado en la prueba procesal. Las competencias requeridas son híbridas y abarcan tanto aspectos técnicos—como el dominio de procesos críticos, caracterización de materiales y análisis de mecanismos de falla—como jurídicos, que incluyen el conocimiento de dinámicas procesales, la prueba pericial y la redacción de conclusiones que establezcan el nexo causal entre deficiencias metalúrgicas y daños patrimoniales o institucionales. Se resalta que la calificación del perito como experto es formalmente conferida por la autoridad judicial, validando su aptitud como auxiliar de la justicia.

Estándar de Cuidado y Determinación de Negligencia

EL ESTÁNDAR DE CUIDADO se determina por el cumplimiento de códigos de diseño, fabricación y operación reconocidos, como ASME, API y NRF. La diferenciación entre una práctica diligente y una negligente corresponde al juzgador; sin embargo, el perito debe fundamentar y cuantificar el incumplimiento. El dictamen debe demostrar si la práctica se desvió del estándar aceptado, utilizando metodologías reconocidas y evaluando la gravedad del defecto. Si este excede los límites normativos, el perito establece la evidencia técnica de la negligencia, fundamentando la responsabilidad objetiva o contractual según corresponda.

Investigación y Elaboración de Reportes

EL MANUAL SISTEMATIZA las etapas de la investigación forense, abarcando desde la recolección de evidencias bajo cadena de custodia hasta la realización de ensayos de laboratorio y pruebas no destructivas. El informe final no es solo un documento técnico, sino un dictamen técnico-jurídico robusto que describe la metodología utilizada interpreta las normas con autoridad y traduce los hallazgos en conclusiones probatorias sobre causalidad y responsabilidad.

Ética Profesional y Marco Metodológico

LA ÉTICA PROFESIONAL del perito se basa en la independencia y la objetividad, principios esenciales para su función ante la autoridad judicial. Esto implica la obligación de buscar la verdad técnico-científica, incluso si el dictamen contradice intereses comerciales o políticos. Se destaca la importancia de la transparencia en honorarios y la ausencia de conflictos de interés para preservar la autoridad técnica. La metodología está regida por la práctica ASTM E2332, que establece lineamientos internacionales para la investigación de fallas, garantizando trazabilidad, rigor y estandarización, en complemento con códigos como ASME y API.

El Foro Legal y la Práctica Profesional

EL MANUAL ABORDA LA actuación del perito en diversos entornos legales, desde tribunales mexicanos hasta instancias de arbitraje nacional e internacional. Se explica cómo los dictámenes son admitidos conforme al Código Nacional de Procedimientos Civiles y Familiares y cómo el perito debe defender su opinión en audiencias, utilizando recursos pedagógicos para comunicar hallazgos complejos a audiencias no especializadas.

Gestión Profesional del Peritaje Metalúrgico

SE ANALIZA LA GESTIÓN estratégica de la práctica pericial, incluyendo la adquisición de seguros de responsabilidad profesional, la elaboración de contratos de servicios consultivos y la resiliencia ante la presión en contextos de conflicto técnico-jurídico. Esta gestión profesional permite al perito mantener independencia económica y de criterio, asegurando la firmeza de su opinión.

Directrices para el Aprendizaje y Desarrollo Continuo

FINALMENTE, EL MANUAL promueve el aprendizaje permanente del perito, que implica mantener actualizados los conocimientos en códigos internacionales y literatura técnica, cultivar el razonamiento crítico y la vocación analítica, e integrar nuevas metodologías como la simulación numérica y principios económicos al análisis de fallas. Todo esto garantiza una práctica ética, efectiva y con autoridad técnica incontestable.

ACRÓNIMOS Y SIGLAS.

AISI: Organismo normativo de la industria del hierro y el acero cuyas siglas significan American Iron and Steel Institute. (Instituto Americano del Hierro y el Acero).

ANSI: American National Standards Institute [Instituto Americano de Estándares Nacionales]

API: El American Petroleum Institute (API) es la principal asociación comercial que representa a la industria del petróleo y gas en los Estados Unidos

ASME y CODIGO ASME: La American Society of Mechanical Engineers (ASME) es una organización profesional y técnica cuyo propósito principal es el desarrollo de estándares, códigos y certificaciones para la ingeniería mecánica, especialmente en el diseño, fabricación, inspección y operación de equipos y estructuras industriales.

ASTM: Organismos normativo para pruebas de las propiedades intrínsecas de los materiales y cuyas siglas significan American Society for Testing Materials (Sociedad Americana para Pruebas de Materiales).

AWS: (American Welding Society) dedicada a la promoción, desarrollo y estandarización de la soldadura y los procesos de unión relacionados, establecer normas, certificaciones y programas de capacitación en la industria de la soldadura. Su misión principal es avanzar en la ciencia, tecnología y aplicación de la soldadura y sus procesos afines.

CESVI: Centro de Experimentación y Seguridad Vial México. Su injerencia en un peritaje metalúrgico es indirecta puede aportar protocolos de análisis de daños en estructuras metálicas de vehículos (chasis, rines, componentes de seguridad). Metodologías de reconstrucción que el perito metalúrgico puede complementar con análisis de fractomecánica, microestructuras y fallas en soldaduras o uniones mecánicas. Referencia para la cuantificación de daños materiales y la trazabilidad del nexo causal entre una falla metálica y un accidente.

CFPC: Código Federal de Procedimientos Civiles. regula la actuación del perito metalúrgico como auxiliar de la justicia. Define cómo se ofrece, admite y desahoga la prueba pericial en juicios civiles y mercantiles. Establece las reglas de ofrecimiento del dictamen, el plazo de entrega y la obligación de ratificación. Todo dictamen metalúrgico presentado en un juicio civil debe ajustarse a estas reglas procesales para ser valorado por el juez.

CGC: Comité de Gestión por Competencias. tiene una injerencia formativa y de certificación en el peritaje metalúrgico, diseñan y validan Estándares de Competencia (EC) vinculados a la práctica profesional del perito (ejemplo: EC0249, EC0301). Aseguran que el perito metalúrgico posea competencias laborales certificadas para garantizar que su actuación pericial sea técnicamente válida y reconocida ante autoridades judiciales.

CIE-11: Clasificación Internacional de Enfermedades. En casos de accidentes laborales o exposiciones a agentes metalúrgicos (polvos metálicos, humos de soldadura, intoxicaciones por plomo, cromo, níquel, etc.), el perito puede correlacionar la evidencia material con el diagnóstico clínico codificado bajo la CIE-11.Facilita la traducción técnica del daño a la salud en un juicio civil, laboral o penal, enlazando la causa metalúrgica con una patología reconocida internacionalmente.

CNPP: Código Nacional de Procedimientos Penales. regula la prueba pericial en materia penal. Establece los principios de contradicción, inmediación y oralidad en los que debe defender su dictamen. Determina el procedimiento de designación, aceptación y recusación del perito. Obliga a que el dictamen metalúrgico cumpla con la cadena de custodia, la metodología científica reproducible y la exposición oral en juicio.

CONOCER: Consejo Nacional de Normalización y Certificación de Competencias Laborales. Avala los Estándares de Competencia aplicables a peritos y consultores técnicos, incluyendo los relacionados con inspección de soldaduras, ensayos no destructivos, metalurgia y procesos industriales.

CPEUM: Constitución Política de los Estados Unidos Mexicanos. Injerencia en el peritaje: Debido proceso y valoración de la prueba (arts. 14, 16, 17, 20): el dictamen metalúrgico debe producirse y desahogarse con legalidad, contradicción, publicidad y respeto a defensa adecuada.

EMA: Entidad Mexicana de Acreditación. Acredita laboratorios de ensayo y calibración (ISO/IEC 17025), organismos de inspección (ISO/IEC 17020), y organismos de certificación (ISO/IEC 17021-1, 17065, etc.).

FGR: Fiscalía General de la República. Designación y control de peritos oficiales, requerimientos a peritos de parte, aseguramiento de indicios, y cadena de custodia desde la escena hasta el laboratorio. Gestiona cateos, muestras comparativas y órdenes para preservar evidencia

GITEC: Grupo Iberoamericano de Trabajo en la Escena del Crimen. Provee protocolos iberoamericanos para fijación, muestreo, rotulado y embalaje críticos al tratarse de piezas fracturadas, cordones de soldadura, pernos, esquirlas, escamas de óxido, y fluidos corrosivos. Estandariza vocabulario y formatos que facilitan cooperación entre fiscalías, policías científicas y laboratorios.

ICITAP: Programa Internacional de Asistencia en Capacitación para Investigaciones Penales. Fortalece sistemas de gestión ISO/IEC 17025 en laboratorios públicos; impulsa controles de calidad para microscopia, END y química metalúrgica. Capacita en documentación y testimonio experto bajo estándares de mejores prácticas internacionales (planeación de muestreo, validación/ verificación de métodos, ciegos, trazabilidad).

IEC: International Electrotechnical Commission [Comisión Electrotécnica Internacional]. En fallas que involucran arco eléctrico, motores, generadores, transformadores, tableros, blindajes, conectores y atmósferas explosivas, las normas IEC (p. ej., series 60034, 60204, 61439, 60079 Ex) cruzan con metalurgia: selección de materiales, soldabilidad, compatibilidad térmica y protecciones.

ISO: International Organization for Standardization [Organización Internacional de Normalización]. Gestión de calidad y competencia: si el laboratorio y el organismo de inspección operan bajo ISO/IEC 17025/17020, el dictamen gana robustez y auditabilidad. Define cómo ensayar, reportar e interpretar (criterios de aceptación, incertidumbres, condiciones ambientales).

NBBI: El National Board of Boiler and Pressure Vessel Inspectors (NBBI) supervisa la seguridad y la conformidad de calderas y recipientes a presión a nivel nacional e internacional. Su principal función es certificar, inspeccionar y establecer estándares para la instalación, operación, mantenimiento y reparación de estos equipos.

NBIC: El National Board Inspection Code (NBIC) es un código desarrollado por el National Board of Boiler and Pressure Vessel Inspectors (NBBI) establece los requisitos para la inspección, reparación y alteración de calderas, recipientes a presión y sus componentes.

NMX: Norma Oficial Mexicana, disponible en el Sistema Integral de Normas y Evaluación de la Conformidad del Gobierno de México.

SEDENA: Secretaría de la Defensa Nacional. regula importación, transporte y uso de explosivos, armas y ciertos aceros especiales (blindajes balísticos, aceros martensíticos, aluminio aeronáutico). Un peritaje que involucre fallas en armas de fuego, vehículos militares, explosivos o aceros de uso restringido requiere coordinación con SEDENA.

SEP: Secretaría de Educación Pública. El perito debe acreditar su formación profesional en ingeniería metalúrgica o afín mediante títulos y cédulas profesionales emitidas por SEP. Esto es requisito para ser aceptado como perito ante juzgados. La SEP respalda y articula los estándares de competencia laboral (EC0249, EC0301, etc.) que certifican la práctica pericial.

SETEC: Secretaría Técnica del Consejo de Coordinación para la Implementación del Sistema de Justicia Penal. Impulsó la formación en oralidad, contradicción y exposición clara de dictámenes técnicos. Elaboró guías metodológicas que obligan a que el perito metalúrgico no solo entregue un informe escrito, sino que pueda defenderlo en audiencia pública con lenguaje accesible y bajo interrogatorio cruzado.

TEMA: Tubular Exchanger Manufacturers Association (Asociación de Fabricantes de Intercambiadores Tubulares). Las regulaciones TEMA establecen estándares para el diseño, fabricación, inspección y pruebas de intercambiadores de calor de carcasa y tubos.

WRC: Welding Research Council promueve la investigación aplicada en las áreas de soldadura, uniones a presión, integridad estructural y diseño de equipos sometidos a presión, tales como recipientes, intercambiadores de calor, calderas y tuberías industriales.

DEFINICIONES.

Aleación: Compuesto metálico constituido por dos o más componentes intrínsecos, ya sean metálico o no metálicos.

Análisis Químico Cuantitativo: Es el resultado de la cuantificación de elementos químicos en un material. Para que este resultado sea válido se debe indicar que entidad realizó el análisis, que metodología utilizó, bajo que Norma se llevó a cabo el procedimiento, etc. las cuales son específicas, no genéricas ni tienen valor con solo decirlo. Finalmente se menciona. "la muestra XXX cumple o no cumple con la Norma XX de tal organismo."

Calificación: Evaluación del grado de suficiencia o insuficiencia de los conocimientos demostrados en una prueba y/o ejercicio, en conformidad con las Normas prescritas, que se registra en un documento.

Certificación: Procedimiento por el cual se asegura que un producto, proceso, sistema o servicio se ajusta a las Normas, lineamientos o recomendaciones de organismos dedicados a la normalización nacional o internacional.

Certificado: Documento por el cual se comprueba el procedimiento de certificación. Dado el caso el Proveedor, Fabricante o Constructor del bien o servicio puede emitir el Certificado correspondiente, cuando estos acrediten el cumplimiento con la Norma correspondiente o subcontratar en términos de Ley al organismo o persona acreditada para certificar el bien o servicio de que se trate.

Ciclo Térmico: Se refiere a la secuencia de calentamiento y enfriamiento que experimenta un material durante un proceso térmico, como la soldadura o un tratamiento térmico. Su impacto puede determinar la microestructura final y las propiedades mecánicas del material.

Condición normal de operación: Son todas aquellas actividades y procesos seguros que se efectúan rutinariamente en un centro de trabajo utilizando materias primas, maquinaria y equipo en circunstancias físicas seguras.

Diseño y Construcción: Cubre todas las actividades o procesos de diseño, cálculo, compra y suministro de materiales, fabricación, pruebas, exámenes, inspección, que el Licitante, Contratista, Prestador de servicios, Proveedor, Fabricante o Constructor del Recipiente, realice en su(s) taller(es), o en los de sus subcontratista(s) o proveedor(es) o en el centro de trabajo del Contratante (en sitio que por necesidades constructivas o de transporte puedan ser requeridas), hasta la aceptación en conformidad por el Contratante.

Documentos avalados: Hojas de Datos, Dibujos, Planos, Memorias de cálculo, Mapas de soldaduras, Registros de espesores finales, Procedimientos, Informe de pruebas, entre otros documentos, revisado y aprobado por el Ingeniero Responsable y el Responsable de Calidad e Inspección del Constructor, garantizando que estos cumplen con esta especificación, la especificación del recipiente y bases de licitación. Los documentos avalados deben ostentar sello o estampado de avalado con Nombre, Cedula Profesional (o equivalente internacional) y Firma, del Ingeniero responsable y el Responsable de Calidad e inspección del constructor.

Documento extranjero: Documento normativo extranjero, emitido por un organismo de normalización extranjero, de aplicación en su país de origen, o documento que, por su contenido, relevancia, acervo técnico y difusión internacional, se implementan como prácticas internacionales, sin detrimento de la Normativa Nacional o Internacional.

Especificación: Listado de propiedades químicas y físicas de un material, metal o aleación, definidas por Normas técnicas acordadas por un organismo regulador o líder en la materia. No es un nombre genérico, clasificación aleatoria o denominación particular. Cuando se dice que un material cumple con una Especificación se debe mencionar la Norma y el Organismo rector.

Especificación de material: Norma técnica, que rige y regula la composición química, proceso de producción, propiedades físicas, características geométricas (forma, dimensiones, tolerancias, entre otras), y evaluación de conformidad, de un material. se refiere al proceso de definir los requisitos técnicos y normativos que deben cumplir los materiales del intercambiador de calor.

Estándar Internacional: Un estándar internacional es un conjunto de normas, especificaciones técnicas, metodologías y directrices desarrolladas por organismos reconocidos a nivel mundial para garantizar la calidad, seguridad, compatibilidad y eficiencia en los procesos, materiales y productos metalúrgicos.

Fragilidad: Es la tendencia de un material a fracturarse sin experimentar deformación plástica significativa. Los materiales frágiles, como algunos aceros con alto contenido de carbono o cerámicos, presentan poca capacidad de absorción de energía antes de fallar.

Informe de prueba: Informe del resultado de la prueba o examen realizado a los materiales, componentes, soldaduras, insumos, procesos, procedimientos, Recipientes o componentes a presión, entre otros, emitido por un laboratorio acreditado y firmado por la persona facultada para hacerlo por él laboratorio.

Ingeniero Responsable: Perito Profesionista independiente, reconocido de forma colegiada por un organismo o asociación de ingenieros nacional o extranjera, con cédula profesional o su equivalente internacional, con más de cinco años de experiencia en Diseño y Construcción de Recipientes a Presión. Responsable del diseño, cálculo, fabricación o construcción, pruebas o exámenes, inspección, y en conjunto de la integridad estructural - mecánica del Recipiente a presión, en cumplimiento con esta Especificación.

ISR (Inspector de Soldadura con Certificación Internacional) es un profesional especializado en la inspección y evaluación de soldaduras en estructuras metálicas, tuberías, recipientes a presión y otros componentes críticos en la industria. Su labor es garantizar la calidad, seguridad y cumplimiento normativo de las soldaduras según estándares internacionales.

Jerarquía contractual: En caso de discrepancia, el contrato u Orden de Compra y sus anexos prevalecen sobre prácticas internas de los contratistas y fabricantes.

MANUFACTURERS DATA REPORT: Reportes de Fabricación. Un Manufacturer Data Report (MDR) es un documento técnico fundamental en la fabricación de equipos, Este informe certifica que el equipo ha sido diseñado, fabricado, inspeccionado y probado conforme a los códigos, estándares y especificaciones aplicables.

Metalografía: La metalografía es una rama de la INGENIERÍA METALÚRGICA que estudia la estructura interna de los metales y aleaciones a través de la observación de secciones del material que han sido pulidas y atacadas químicamente para resaltar sus características microestructurales. Esta disciplina permite observar la morfología, distribución y proporción de las fases presentes en un material, así como defectos, inclusiones y otros aspectos relevantes de su estructura a nivel microscópico.

Metodología: La Metodología se refiere al conjunto de principios, procedimientos y técnicas utilizadas para la investigación, desarrollo, optimización y control de los procesos metalúrgicos. Aplicada a la metalurgia física, de materiales y mecánica incluye la optimización de la transformación, tratamiento térmico y caracterización de materiales metálicos

Microestructura: Es la disposición interna de los granos y fases de un material, observable a nivel microscópico. En los metales, la microestructura se ve influenciada por la composición química, el ciclo térmico y los procesos de conformado, determinando propiedades como dureza, resistencia y ductilidad.

Norma: Lineamiento o Documento Normativo que emite un Organismo Nacional o Internacional relativo a la materia, reconocido por el Gobierno Mexicano en términos de la Ley Federal sobre

Metrología y Normalización. Principio que se impone o se adopta para dirigir la conducta, la acción, las características intrínsecas del objeto regulado bajo una cierta normatividad.

Normalización (LFMN). Las Normas Internacionales reconocidas por el Gobierno Mexicano en términos de Ley son las denominadas por sus siglas ISO, IEC, CODEX, ITU, OACI, OIT, y OIML.

Normatividad: La Normatividad es un conjunto de leyes o reglamentos o especificaciones que rigen conductas y procedimientos según los criterios y lineamientos de una institución u organización regulatoria.

Perito: Persona experta reconocida por una autoridad judicial o administrativa para emitir dictámenes sobre materias técnicas especializadas.

Persona acreditada: Organismos de certificación, Laboratorios de prueba, Laboratorios de calibración y Unidades de verificación, reconocidos por una entidad de acreditación para la evaluación de la conformidad, reconocida por el gobierno de México, en los términos de la Ley Federal sobre Metrología y Normalización (LFMN).

Probetas o cupón de prueba: Ensamble del material base o soldado para producir o desarrollar pruebas de calificación de las propiedades mecánicas.

Procedimiento: Documento probado y actualizado que describe la metodología para realizar una actividad de acuerdo con la norma aplicable del bien.

Procedimiento de Soldadura: (Especificación del Procedimiento de Soldadura Welding Procedure Specification WPS"). Documento que proporciona en detalle las variables de soldadura para una aplicación específica, para asegurar la respetabilidad por medio de soldadores u operadores de soldaduras calificados

Proceso de soldadura (de fusión): Método y práctica detallada que se involucran en la producción de un elemento soldado por fusión, con o sin uso de metal de aporte.

Prueba radiográfica: Método de prueba no destructiva que utiliza rayos X, Gamma o ambos, para obtener imágenes y registro del ·rea examinada o probeta conforme al procedimiento de prueba elaborado en base a la norma aplicable del bien.

Pruebas destructivas (DT): Métodos mecánicos para verificar las propiedades físicas y/o sanidad del espécimen o probeta y dictaminar su conformidad; alterando permanentemente su estructura e inutilizando su servicio.

Pruebas no destructivas (PND): Aplicación de métodos técnicos para examinar y evaluar materiales o componente de manera que no afecten su utilización y capacidad futura de servicio.

Registro de Calificación de procedimiento (Procedure Qualification Record - PQR). Documento en que se registran las variables utilizadas para producir una soldadura, y los resultados de las pruebas conducidas a la soldadura.

Responsabilidad contractual: Obligación legal de una de las partes de un contrato de cumplir con las especificaciones y normas convenidas, siendo responsable de los daños derivados de su incumplimiento.

Selección de los Materiales: Es el proceso de elegir, dentro de las opciones que cumplen con la especificación, el material óptimo para la fabricación del intercambiador de calor. Es responsabilidad del fabricante

Soldador calificado: Soldador u operador de máquina de soldar que ha demostrado sus habilidades y cumple con los requerimientos del Procedimiento de soldadura y Registro de Calificación de Procedimiento calificado; en cumplimiento con las Normas aplicadas del bien.

Soldadura: Es un proceso de unión de materiales, generalmente metales o termoplásticos, mediante la aplicación de calor, presión o ambos, con o sin la adición de un material de aporte. Su objetivo es lograr la coalescencia de las superficies de los materiales base, generando una unión mecánica y metalúrgica.

SUPPLIER COMMITMENT DRAWING & DATA FORM (SDDC): Supplier Drawing & Data Commitment Form (SDDC) es un documento formal en el que el proveedor de un equipo se compromete a proporcionar dibujos y datos técnicos conforme a los requisitos del cliente y las normativas aplicables. Este documento asegura que la información de diseño, fabricación, pruebas e inspección será entregada en los formatos y plazos acordados.

Tenacidad: Es la capacidad de un material para absorber energía y resistir la propagación de una fractura. Se mide mediante ensayos de impacto, como el ensayo Charpy, y depende de factores como la microestructura, la temperatura y la presencia de defectos en el material.

Tratamiento Térmico: Es un proceso de calentamiento y enfriamiento controlado aplicado a un material metálico con el objetivo de modificar su microestructura y, por ende, sus propiedades mecánicas, como dureza, resistencia o tenacidad. En soldadura, se usa para reducir tensiones residuales o mejorar la estructura de la ZAC.

Tratamiento térmico post soldadura "PWHT": Tratamiento térmico de relevado de esfuerzos o alivio de esfuerzos después de soldaduras de acuerdo con el documento extranjero ASME sección VIII o equivalente.

Temperatura de diseño (td): Es la temperatura máxima promedio de metal esperada a través del espesor a su correspondiente presión, a usar en el diseño del Recipiente o Componente. Si es necesario, la temperatura del metal debe determinarse por medio de cálculos o por medición directa en algún equipo en servicio bajo las mismas condiciones de operación.

Temperatura de operación (to): La temperatura que se debe mantener en el metal o en la parte del Recipiente que se está considerando para la operación especificada del Recipiente.

Unión Soldada: Es el conjunto formado por la soldadura, la zona afectada por el calor y la base metálica. Su calidad depende de múltiples factores, como la técnica de soldadura utilizada, el material de soporte y el tratamiento térmico aplicado.

Velo**cidad de Calentamiento:** Es la rapidez con la que se incrementa la temperatura de un material durante un proceso térmico. En soldadura y tratamientos térmicos, influye en la distribución de calor, la formación de microestructuras y las tensiones internas del material.

Velocidad de Enfriamiento: Es la rapidez con la que se reduce la temperatura de un material después de haber sido sometido a un calentamiento. Afecta directamente la formación de microestructuras como martensita, perlita o bainita en los metales y, por lo tanto, sus propiedades mecánicas.

Capítulo I. Correlación de la Metalurgia con otras Ingenierías

Todo es Ingeniería.

La metalurgia es una disciplina fundamental dentro del campo de la ingeniería, ya que actúa como un puente entre la ciencia de materiales y la aplicación práctica en diversas ramas ingenieriles. Su relevancia se evidencia a través de la interacción con otras especialidades, aportando conocimientos y herramientas esenciales para la solución de problemas relacionados con los metales, desde su obtención hasta su eventual falla. A continuación, se describen las principales correlaciones entre la metalurgia y otras ingenierías:

1. Relación con la Ingeniería Mecánica

EN EL ÁMBITO DE LA ingeniería mecánica, la metalurgia es indispensable para el diseño, análisis y fabricación de componentes metálicos. Los parámetros metalúrgicos como la resistencia a la fatiga, la dureza superficial, la ductilidad y el comportamiento bajo cargas cíclicas son cruciales para garantizar la confiabilidad de engranes, ejes, turbinas y recipientes a presión. Además, el entendimiento de los mecanismos de falla, que abarcan desde la microfisuración hasta la fractura frágil, es fundamental para completar el análisis mecánico de los sistemas.

2. Relación con la Ingeniería Civil

LA INGENIERÍA CIVIL se apoya en la metalurgia, especialmente en lo que respecta al uso de acero estructural en puentes, rascacielos y refinerías. La metalurgia proporciona la base para seleccionar aleaciones que sean resistentes a la corrosión, diseñar soldaduras confiables y evaluar la durabilidad de las estructuras expuestas a diferentes ambientes, ya sean urbanos, marinos o industriales. Esta interacción se refleja directamente en la seguridad de infraestructuras como presas, plataformas offshore y sistemas de transporte.

3. Relación con la Ingeniería Química

LA RELACIÓN ENTRE LA ingeniería química y la metalurgia extractiva es estrecha. Procesos como la pirometalurgia, la hidrometalurgia y la electroobtención dependen de principios químicos como la cinética, la termodinámica y las reacciones en fases líquidas y gaseosas. Mientras la ingeniería química se encarga del control de reactores y de los balances de materia y energía, la metalurgia asegura la pureza y las propiedades del metal obtenido en dichos procesos.

4. Relación con la Ingeniería de Materiales

LA CORRELACIÓN ENTRE la metalurgia y la ingeniería de materiales es especialmente íntima, ya que la metalurgia constituye un subconjunto de la ciencia de materiales enfocado en metales y aleaciones. Aporta conocimientos sobre microestructuras, tratamientos térmicos, solidificación y transformación de fases. Por su parte, la ciencia de materiales amplía el alcance a otros materiales como cerámicos, polímeros y compósitos, y ambas disciplinas convergen en la innovación de superaleaciones, recubrimientos y nanomateriales.

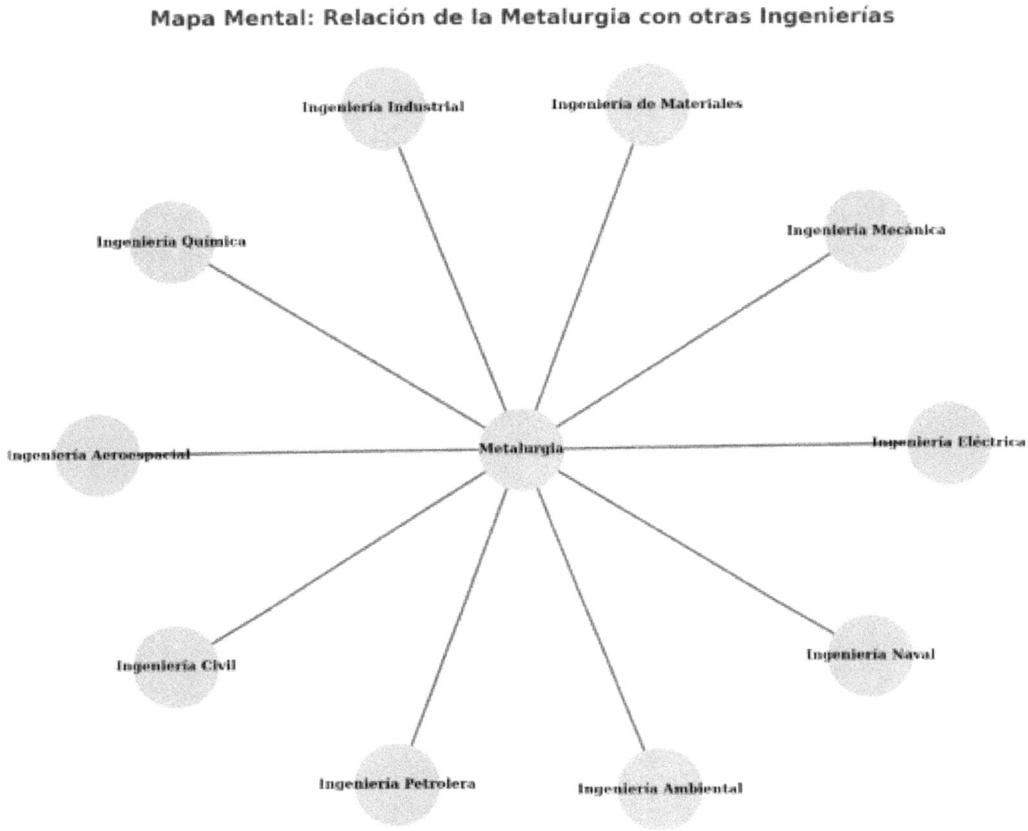

5. Relación con la Ingeniería Industrial

EN LA INGENIERÍA INDUSTRIAL, la metalurgia juega un papel relevante a través de la gestión de procesos, la optimización de la producción y el control de calidad. Conceptos como la trazabilidad de coladas en una acería y la aplicación de metodologías Lean Six Sigma en fundiciones ilustran cómo el conocimiento metalúrgico es esencial para asegurar que la eficiencia productiva no comprometa la integridad de los productos manufacturados.

6. Relación con la Ingeniería Eléctrica

LA INGENIERÍA ELÉCTRICA depende de la metalurgia principalmente para la selección de materiales conductores que posean alta conductividad y resistencia a la corrosión, como el cobre, el aluminio y ciertas aleaciones especiales. La metalurgia define la pureza del cobre electrolítico, la microestructura de alambres y el desarrollo de superconductores metálicos, además de aportar soluciones a problemas de corrosión galvánica y electromigración en sistemas eléctricos y electrónicos.

7. Relación con la Ingeniería Petrolera

EN LA INDUSTRIA PETROLERA, la metalurgia es crucial para enfrentar desafíos como la corrosión interna causada por H_2S, CO_2 y fluidos agresivos. Se encarga de la selección de materiales adecuados, como aceros al cromo-molibdeno, aceros inoxidables martensíticos o dúplex, y recubrimientos que soporten ambientes hostiles. Una elección incorrecta en los materiales puede derivar en fugas, incendios o catástrofes ambientales, haciendo vital esta colaboración interdisciplinaria.

8. Relación con la Ingeniería Aeroespacial

LA INGENIERÍA AEROESPACIAL se apoya en la metalurgia avanzada para el desarrollo de superaleaciones de níquel, titanio y aluminio, capaces de resistir altas temperaturas y esfuerzos dinámicos. Conceptos como la fatiga térmica, la oxidación a elevadas temperaturas y la resistencia específica (relación peso/resistencia) son fundamentales para el diseño de turbinas, fuselajes y sistemas de lanzamiento espacial.

9. Relación con la Ingeniería Naval

EL ENTORNO MARINO REPRESENTA un laboratorio de corrosión constante, y la metalurgia provee aceros navales, aceros inoxidables, bronces marinos y recubrimientos que garantizan la durabilidad de cascos, hélices y plataformas offshore. La soldadura, proceso inherente a la metalurgia, es imprescindible en la construcción y reparación de embarcaciones, donde la integridad estructural es vital para la seguridad.

10. Relación con la Ingeniería Ambiental

POR ÚLTIMO, LA INGENIERÍA ambiental y la metalurgia se relacionan en el ámbito de la sostenibilidad y el reciclaje de metales. La metalurgia desarrolla procesos para recuperar chatarra, reducir emisiones de CO_2 en acerías, tratar efluentes ácidos de minas y controlar polvos y escorias, posicionándose como una disciplina estratégica para la transición energética y la economía circular.

En conclusión, la metalurgia es mucho más que una disciplina auxiliar; es un eje transversal que sustenta la seguridad, la eficiencia y la sostenibilidad de los sistemas industriales modernos, siendo un aliado esencial para todas las ramas de la ingeniería que trabajan con metales.

De la Metalurgia a su aplicación en la Ciencia Forense

Objeto y alcance

LA METALURGIA FORENSE se ocupa de aplicar los principios de la ciencia de materiales y el análisis de fallas para identificar mecanismos de daño, el origen, la cronología y la responsabilidad en diversos hechos investigados, tales como lesiones, homicidio culposo por fallas de equipo, siniestros industriales, sabotaje, robo de hidrocarburos, accidentes de transporte, y el análisis de armas blancas y de fuego. Los resultados obtenidos a través de este análisis deben ser reproducibles, trazables y contar con una incertidumbre cuantificada, cumpliendo de manera estricta con la cadena de custodia y los lineamientos de la norma ISO/IEC 17025.

Metodología pericial estandarizada

COMO MARCO METODOLÓGICO, se recomienda la norma ASTM E2332 para el análisis de fallas, complementada con guías específicas en fractografía, dureza, composición, corrosión y soldadura. El proceso operativo incluye:

1. Planteamiento del problema y la hipótesis técnica: Se definen las variables críticas como carga, temperatura, medio y la historia de servicio.
2. Cadena de custodia: Se asegura el embalaje, rotulado, sellado, registro fotográfico y condiciones de transporte adecuados para las muestras.
3. Levantamiento y muestreo: Se realiza una selección representativa de zonas como matriz, ZAC, fracturas, superficies de contacto, depósitos, casquillos y esquirlas, evitando contaminación mediante guantes sin polvo y herramientas no abrasivas.
4. Examen no destructivo (END): Aplicación de técnicas como VT, MT, PT, UT, RT o ECT según la geometría y sospecha del caso.
5. Caracterización micro/macro: Incluye macrografía, fractografía por SEM, EDS, metalografía óptica, pruebas de dureza (HV/HRC), microdureza, análisis por XRD para fases y residuos de austenita, y XRF/OES/ICP-OES para composición y trazas.
6. Ensayos funcionales: Se realizan ensayos mecánicos de tracción, impacto (Charpy), tenacidad (K_IC, CTOD), fatiga, corrosión (pitting, SCC) y tribología (desgaste adherente o abrasivo).
7. Modelación y correlación: Se utilizan herramientas como termodinámica (diagramas de equilibrio), cinética (Arrhenius), parámetros de daño (Ley de Paris), y mecánica de fractura lineal elástica.
8. Análisis causal y cronológico: Se determina la secuencia de iniciación, propagación y fractura

final, así como la datación relativa por colores de revenido, capas de óxido, productos de corrosión y análisis de recalentamiento.

9. Conclusiones y estimación de incertidumbre: Se busca la concordancia entre las líneas de evidencia, se delimitan los alcances del método y se excluyen alternativas.

Metodología pericial estandarizada en metalurgia forense

LA METODOLOGÍA PERICIAL en metalurgia forense se basa en la aplicación de normas reconocidas y guías técnicas especializadas para asegurar el análisis riguroso y reproducible de fallas y evidencias metálicas. El proceso operativo se compone de varias etapas fundamentales que permiten un abordaje sistemático de los casos investigados.

1. Planteamiento del problema y formulación de hipótesis técnica

EL PRIMER PASO CONSISTE en definir las variables críticas que guiarán la investigación. Estas variables incluyen la carga aplicada al material, la temperatura a la que estuvo sometido, el medio ambiente en el que ocurrió el evento y la historia de servicio del componente. La correcta identificación de estos factores es esencial para orientar el análisis y establecer hipótesis sólidas sobre la causa y el desarrollo del daño.

2. Cadena de custodia

LA INTEGRIDAD DE LAS muestras es garantizada mediante un embalaje adecuado, rotulado y sellado de las evidencias, así como un registro fotográfico detallado y el aseguramiento de condiciones óptimas de transporte. Este procedimiento es crucial para mantener la trazabilidad de las pruebas y cumplir con los requisitos legales y normativos.

3. Levantamiento y muestreo

SE REALIZA UNA SELECCIÓN representativa de las zonas relevantes, como la matriz del material, la zona afectada por el calor (ZAC), fracturas, superficies de contacto, depósitos, casquillos y esquirlas. Para evitar la contaminación de las muestras, se emplean guantes sin polvo y herramientas no abrasivas durante el proceso de recolección.

4. Examen no destructivo (END)

SE APLICAN TÉCNICAS de inspección no destructiva tales como VT (inspección visual), MT (partículas magnéticas), PT (líquidos penetrantes), UT (ultrasonido), RT (radiografía) y ECT (corrientes inducidas), seleccionando el método más adecuado según la geometría del componente y las sospechas específicas del caso.

5. Caracterización micro/macro

LA CARACTERIZACIÓN del material abarca tanto el análisis macroscópico como el microscópico. Incluye macrografía, fractografía mediante microscopía electrónica de barrido (SEM), espectroscopía de dispersión de energía (EDS), metalografía óptica, pruebas de dureza (HV/HRC), microdureza, análisis de fases y residuos de austenita por difracción de rayos X (XRD), así como determinaciones de composición y trazas por espectrometría (XRF, OES, ICP-OES).

6. Ensayos funcionales

PARA EVALUAR EL COMPORTAMIENTO mecánico y la resistencia del material, se realizan ensayos de tracción, impacto (Charpy), tenacidad (K_IC, CTOD), fatiga, corrosión (pitting, SCC) y tribología (desgaste adherente o abrasivo), permitiendo determinar las propiedades funcionales y la susceptibilidad a diferentes mecanismos de daño.

7. Modelación y correlación

LA MODELACIÓN DE LOS resultados se apoya en herramientas como diagramas de equilibrio termodinámico, ecuaciones cinéticas (Arrhenius), parámetros de daño (Ley de Paris) y mecánica de fractura lineal elástica, facilitando la correlación entre las evidencias encontradas y los mecanismos físicos implicados.

8. Análisis causal y cronológico

SE DETERMINA LA SECUENCIA de iniciación, propagación y fractura final del daño, así como la datación relativa a través de la observación de colores de revenido, capas de óxido, productos de corrosión y análisis de recalentamiento. Estas evidencias permiten reconstruir el proceso que condujo al fallo o daño del componente.

9. Conclusiones y estimación de incertidumbre

FINALMENTE, SE BUSCA la concordancia entre todas las líneas de evidencia recopiladas, delimitando los alcances del método empleado y excluyendo posibles alternativas. Se realiza una estimación cuantificada de la incertidumbre del análisis, asegurando la validez y reproducibilidad de los resultados obtenidos.

Taxonomía de evidencias metálicas en criminalística

LA CLASIFICACIÓN DE las evidencias metálicas en criminalística permite identificar los mecanismos de daño y vincularlos con hechos investigados. Esta taxonomía se divide en varios grupos principales, cada uno con características y pruebas específicas.

1. Fracturas y colapsos de componentes

SE IDENTIFICAN MECANISMOS típicos como fatiga, sobrecarga dúctil, fractura frágil, corrosión bajo esfuerzo (SCC), daño por hidrógeno y desprendimiento lamelar. Las pruebas clave incluyen el uso de SEM/EDS en el origen de la fractura, microdureza en la zona afectada por calor, mapas EDS para inclusiones como MnS y el ensayo K_ISCC para evaluar la susceptibilidad a SCC.

2. Soldaduras (WPS/PQR/Desempeño)

EL ANÁLISIS FORENSE de soldaduras contempla la identificación de zonas afectadas por recalentamiento, presencia de granos crecidos, dureza elevada en aceros martensíticos, falta de fusión, porosidad, inclusiones de escoria y evidencia de sobrecalentamiento. Se establece la relación jurídica entre desviaciones del procedimiento de soldadura y el daño causado.

3. Armas de fuego y herramientas

EL ESTUDIO DE ARMAS de fuego y herramientas implica el análisis de marcas en proyectiles y casquillos, como microestriado, huellas de percutor y extractor, morfología por SEM, composición por XRF y residuos de disparo (GSR) por SEM-EDS. Además, se examinan cortes y desgarros en herramientas mediante la coincidencia de patrones de arista, paso de diente y transferencia de material en bordes.

4. Incendios y explosiones

LAS EVIDENCIAS METALÚRGICAS en eventos de incendio y explosión incluyen colores de recocido, esferoidización en alambres de cobre, oxidación estratificada, granallado superficial por sobrepresión, microjets, deformaciones por cuello (necking) y desgarros en fragmentos. La identificación de óxidos y termometría de fase se realiza mediante análisis por difracción de rayos X (XRD).

5. Robo de hidrocarburos y sabotaje en ductos

EN CASOS DE ROBO DE hidrocarburos y sabotaje en ductos, se detectan cortes ilícitos por firmas de termo-corte, uso de broca o trepano, marcas de rosca no originales y brazing improvisado. Se analiza también la presencia de corrosión acelerada por cloruros y pilas galvánicas.

6. Accidentes vehiculares y maquinaria

EL ANÁLISIS DE ACCIDENTES vehiculares y maquinaria incluye la identificación de mecanismos de fatiga en ejes y rines, fragilización por hidrógeno en pernos de alta resistencia y sobrecalentamiento de frenos. La reconstrucción de la secuencia de daño se realiza mediante mapas de durezas y colores de revenido.

Herramientas analíticas y sus respuestas

Técnica	Pregunta forense	Entregable
SEM/EDS	¿Dónde y cómo inició la fractura? ¿Qué inclusiones/contaminantes hay?	Micrografías de origen, mapas elementales, firmas de depósito
XRF / OES / ICP-OES	¿Cuál es la composición y su conformidad con grado?	Certificados químicos, desviaciones (C, S, P, Cr, Ni, Mo)
XRD	¿Qué fases y óxidos hay? ¿Hubo calentamiento extremo?	Identificación de fases, difractogramas, estimación de temperatura
Dureza (HRC/ HV)	¿Hubo temple, revenido o recalentamiento?	Perfiles de dureza, mapas ZAC
Metalografía	¿Qué microestructura está presente?	Ataques, imágenes cuantificadas (fracción de perlita/martensita)
Fractomecánica	¿El componente era apto? ¿Cuánto creció la grieta?	K_IC, CTOD, curva R, estimación de vida (N)
Corrosión	¿El medio causó el daño?	Potenciales, pitting index, tasa de pérdida, imágenes de SCC
Tribometría	¿Hubo corte, desgaste, estrías de herramienta?	Coeficiente de fricción, morfología de surcos

Cronología técnico-material

EL OBJETIVO EN ESTE apartado es establecer si el daño es previo, concomitante o posterior al hecho investigado. Se consideran criterios como colores de revenido en aceros (paja, púrpura, azul), crecimiento de grano, esferoidización por exposición térmica, capas de óxido y la secuencia de marcas de playa en fracturas por fatiga.

Vínculo con hipótesis penal/civil

LA METALURGIA FORENSE permite demostrar la relación entre una desviación técnica y el resultado dañoso, como en casos de homicidio culposo por falla de equipo, donde se prueba el nexo causal técnico. En sabotaje o robo, se acredita la intervención humana mediante las firmas de herramienta o termocorte y la presencia de metales atípicos. También se correlaciona la responsabilidad profesional con la ausencia de tratamientos térmicos, materiales fuera de especificación o procedimientos no calificados, así como la asociación de proyectiles con armas y residuos de disparo en manos o ropa.

Control metrológico e incertidumbre

SE REQUIERE CALIBRACIÓN vigente en ensayos de dureza, microscopía y espectrometría, así como el uso de blancos y patrones de referencia (CRM) en química. Es esencial la evaluación de la repetibilidad y reproducibilidad (R&R) y el cálculo de la incertidumbre expandida (k=2). Para emitir afirmaciones concluyentes, se exige concordancia entre al menos dos técnicas independientes.

Errores frecuentes que invalidan conclusiones

- Cortar o pulir el origen de fractura antes de la fractografía.
- Contaminar superficies con discos abrasivos, lo que implica transferencia de Al_2O_3 o Fe.
- Interpretar porosidad de fundente como evidencia de explosión.
- Asegurar fragilización por hidrógeno sin ensayos de permeación o fractografía compatible.
- Concluir sobrecalentamiento solo con el color superficial, sin sustento en microestructura u óxidos.

Plantilla abreviada para dictamen pericial metalúrgico-forense

1. Antecedentes y encargo (preguntas de la autoridad).
2. Muestras y cadena de custodia (tabla con códigos, origen, fotos).
3. Métodos y normas (ASTM/ISO/AWS/ASME aplicables).
4. Resultados (fotografía macro, SEM, EDS, dureza, química, XRD).
5. Análisis (mecanismo de daño, cronología, cargas probables).
6. Discusión del nexo causal (cómo la desviación produjo el resultado).
7. Incertidumbre, limitaciones y alternativas consideradas.
8. Conclusiones (numeradas, inequívocas).
9. Anexos (micrografías con escala, espectros, certificados de calibración).

Miniguía de decisión (árbol práctico)

- ¿Fractura limpia, granular, sin estriación? → Sospecha fractura frágil; revisar composición, dureza y temperaturas de servicio.
- ¿Marcas concéntricas y "beach marks"? → Indicio de fatiga; ubicar el origen y evaluar tensiones alternantes aplicando la Ley de Paris.
- ¿Fisuras ramificadas con depósitos salinos? → Posible SCC; confirmar con fractografía y ensayos bajo medio.
- ¿ZAC con dureza elevada y martensita? → Indicio de temple no controlado; revisar WPS/

PWHT.

- ¿Depósitos ricos en Cu/Zn en corte de ducto? → Indicio de brazing; posible intervención ilícita.

LA METALURGIA FORENSE transforma indicios físicos en hechos técnicos demostrables. Su valor probatorio se fundamenta en una metodología estandarizada, el uso de técnicas complementarias, la cuantificación de resultados y su incertidumbre, así como en la trazabilidad impecable de cada paso. De este modo, el perito no conjetura: demuestra.

La Norma ASTM E2332 y su Aplicación en el Peritaje Metalúrgico

Naturaleza y Alcance de la Norma ASTM E2332

LA NORMA ASTM E2332 – Standard Practice for Investigation and Analysis of Physical Component Failures constituye una práctica estándar desarrollada por ASTM International, enfocada en la investigación científica e ingenieril de fallas físicas en componentes. Su objetivo fundamental es proporcionar un marco sistemático que permita recolectar información contextual relevante —como diseño, fabricación y condiciones de servicio—, analizar la evidencia física asociada —incluyendo microestructuras, fracturas, corrosión y composición química—, y determinar las causas de la falla a través de métodos reproducibles y verificables.

Entre sus características principales, la norma es aplicable a todo tipo de componentes físicos, sin importar su función o sector industrial. Su enfoque recae en la evidencia física y técnica, excluyendo el análisis de software o datos abstractos, y exige un registro completo y trazable de cada muestra, observación y resultado generado durante la investigación. Además, recomienda el uso de normas complementarias, tales como ASTM E407 para metalografía, ASTM E3 para la preparación de muestras metalográficas, ASTM E8 para ensayos de tracción y ASTM E1823 en terminología de mecánica de fractura.

Etapas Metodológicas de la Norma ASTM E2332

LA METODOLOGÍA PROPUESTA por ASTM E2332 establece una secuencia lógica completamente alineada con las actividades del peritaje metalúrgico:

1. Antecedentes y definición del problema: Consiste en la revisión detallada del diseño, especificaciones técnicas, historial de servicio y mantenimiento del componente. En el contexto pericial, esto equivale al planteamiento de la litis técnica y la delimitación precisa de la controversia.
2. Recolección de evidencia física: Incluye la identificación, muestreo y preservación de los componentes implicados. Para el peritaje, representa la implementación rigurosa de la cadena de custodia, la documentación fotográfica y el levantamiento de todos los indicios relevantes.
3. Examen preliminar: Implica la inspección visual y macroscópica del daño, registrando fracturas, deformaciones, huellas de corrosión y soldaduras defectuosas. En la práctica pericial metalúrgica, este paso asegura una primera aproximación técnica sustentada.
4. Ensayos y análisis detallados: Se llevan a cabo pruebas como metalografía, fractografía,

espectrometría, ensayos mecánicos y estudios de corrosión. En el ámbito pericial, estas pruebas constituyen la base científica del dictamen.

5. Correlación de resultados y análisis causal: En esta etapa se relacionan las evidencias microestructurales y mecánicas con la falla observada. Para el perito, este proceso permite demostrar el nexo causal técnico con objetividad.
6. Conclusiones y reporte: El informe final debe exponer las causas primarias y secundarias de la falla, apoyándose en hechos comprobados. En el dictamen pericial, esto se traduce en un informe técnico-jurídico reproducible y fundamentado en normas.

Correlación entre ASTM E2332 y el Peritaje Metalúrgico

LA PRÁCTICA ASTM E2332 se integra de forma directa en el quehacer del perito metalúrgico a través de varios aspectos esenciales. En primer lugar, provee una metodología de investigación sólida que otorga validez judicial al dictamen pericial, asegurando que los resultados sean reproducibles. Además, la gestión de la cadena de evidencia se equipara con la cadena de custodia criminalística, pues la norma exige que todo hallazgo esté debidamente documentado y trazado.

En cuanto al análisis causal, ASTM E2332 enfatiza la identificación no solo del efecto visible, sino también de la causa raíz de la falla —ya sea por defecto de diseño, fabricación o condiciones de servicio—, lo que permite establecer responsabilidades técnicas. Asimismo, el empleo de una terminología estandarizada facilita la claridad, precisión y fundamentación normativa exigidas por los criterios judiciales. Por último, la norma complementa otras regulaciones como ASME, API o PEMEX, ya que mientras estas establecen requisitos de diseño y soldadura, ASTM E2332 dirige el análisis forense posterior a la falla.

Aplicación Práctica en Casos Periciales

EN LA PRÁCTICA, ASTM E2332 resulta clave en diversas investigaciones periciales:

- En el caso de una explosión en un recipiente a presión, la norma guía la recolección de evidencia, el análisis metalográfico y fractomecánico, y la correlación con normativas como ASME VIII para demostrar desviaciones.
- En la falla de un intercambiador de calor, la metodología permite determinar si la causa raíz es un defecto de soldadura (violación a ASME IX) o una corrosión bajo tensión.
- Ante situaciones de sabotaje o robo en ductos, ASTM E2332 garantiza que el análisis de los cortes, inclusiones y depósitos químicos se realice de manera sistemática y trazable, proporcionando valor probatorio.

Cabe destacar que la norma ASTM E2332 no se trata de una regulación de diseño, sino de una guía para la investigación forense de fallas. Su principal aporte al peritaje metalúrgico es la estandarización de los procedimientos científicos, la garantía de reproducibilidad y trazabilidad de los hallazgos, y la posibilidad de traducir la evidencia física en una prueba pericial científica válida ante juicio.

En síntesis, ASTM E2332 se erige como el vínculo metodológico entre la ingeniería de fallas y la ciencia forense aplicada en el ámbito judicial.

ISO/IEC 17025: Fundamento Metrológico en el Peritaje Metalúrgico

¿Qué es ISO/IEC 17025 y para qué sirve?

ISO/IEC 17025 ES LA norma internacional que establece los requisitos que debe cumplir un laboratorio para demostrar su competencia, imparcialidad y confiabilidad en la ejecución de ensayos y calibraciones. Esto implica contar con personal calificado, métodos válidos y trazabilidad metrológica. Además, exige que el laboratorio opere sin influencias externas que puedan afectar sus resultados, y que estos sean confiables, es decir, con incertidumbre cuantificada y bajo control. El propósito de la norma no es diseñar equipos ni determinar responsabilidades legales, sino asegurar la calidad metrológica en los ensayos y calibraciones, los cuales posteriormente pueden ser integrados como pruebas periciales en procedimientos judiciales.

Estructura funcional de la norma en el peritaje metalúrgico

AUNQUE ISO/IEC 17025 ha evolucionado y ya no separa los requisitos en capítulos de "gestión" y "técnicos" como en su edición de 2005, en la práctica los laboratorios continúan organizando sus procesos en dos bloques principales:

Requisitos de gestión y organización

- Imparcialidad (4.1) y confidencialidad (4.2): Se busca evitar sesgos y proteger la información mediante acuerdos de no divulgación.
- Sistema de gestión (8): Incluye control documental y de registros, gestión de riesgos y oportunidades, auditorías internas, revisión por la dirección y acciones correctivas orientadas a la mejora continua.
- Atención a quejas y manejo de trabajo no conforme.

Requisitos técnicos (cláusulas 6–7)

- Personal (6.2): Competencias documentadas, formación y autorizaciones para firmar resultados.
- Instalaciones y condiciones ambientales (6.3): Control de temperatura, humedad, vibraciones, polvo y descargas electrostáticas, según lo que aplique.
- Equipos (6.4): Inventario, calibraciones, verificaciones, mantenimiento y estados de aptitud.
- Trazabilidad metrológica (6.5): Vinculación con el Sistema Internacional de Unidades (SI)

mediante laboratorios acreditados y patrones certificados.

- Productos y servicios externos (6.6): Control de proveedores para consumibles, patrones y servicios de calibración.
- Selección, verificación y validación de métodos (7.2): Asegurar la adecuación de los métodos al uso previsto, ya sean internacionales (ASTM, ISO, NMX, ASME/AWS) o internos validados.
- Muestreo (7.3): Documentación de planes de muestreo cuando el laboratorio realiza dicha actividad.
- Manipulación de ítems (7.4): Recepción, identificación, cadena de custodia, almacenamiento, conservación y devolución de muestras.
- Registros técnicos (7.5): Trazabilidad de qué, quién, cuándo y cómo se realizaron las actividades.
- Garantía de validez de los resultados (7.7): Ensayos de aptitud, controles internos, revisión técnica y cartas de control.
- Presentación de resultados (7.8): Reporte claro, con incertidumbre cuando sea relevante y con la regla de decisión para dictaminar conformidad.
- Atención a reclamaciones (7.9) y manejo de trabajo no conforme (7.10).

Correlación práctica entre ISO/IEC 17025 y el peritaje metalúrgico

LA SIGUIENTE TABLA muestra cómo las principales cláusulas de la norma se traducen en exigencias operativas dentro del contexto del peritaje metalúrgico:

Cláusula ISO/IEC 17025	Exigencia clave	Traducción operativa en peritaje metalúrgico
4.1 Imparcialidad	Sin presiones ni conflictos	Declaración de imparcialidad del laboratorio y del perito; revelación de potenciales conflictos.
6.2 Personal	Competencia documentada	Matriz de competencias: metalografía, SEM-EDS, dureza, OES/XRF, tracción/impacto, corrosión; evidencia de capacitación y autorizaciones de firma.
6.4 Equipos	Calibración y verificación	Equipos como dureza (HRC/HV), máquinas de tracción, péndulo Charpy, micrómetros, balanzas; certificados de calibración y estados "apto/no apto".
6.5 Trazabilidad	Al SI con incertidumbre	Patrones de dureza, masas patrón, longitudes, estándares químicos CRM.
7.2 Validación de métodos	Adecuación técnica	Métodos como ASTM E3/E407, E8, E18, E384; métodos internos datos de precisión.
7.3 Muestreo	Plan y registro	Planes de corte para preservar origen de fractura; justificación estadística si aplica.
7.4 Ítems	Identificación y custodia	Código único, sellos, fotografías, croquis, cadena de custodia continua.
7.7 Control de calidad	Aptitud y control	Intercomparaciones, cartas de control, blancos, duplicados, estándares verificados por corrida.
7.8 Informe	Claridad e incertidumbre	Reportes con método, condiciones, resultados, incertidumbre expandida, criterio de conformidad y anexos.
8 Gestión	Auditorías y mejora	Auditoría interna anual, acciones correctivas, revisión por la dirección y evaluación de proveedores.

Piezas críticas para la validez judicial del resultado

1. Incertidumbre de medición: Representa el margen de confianza del resultado. Por ejemplo, una dureza Rockwell C en ZAC de AISI 410 de 36.0 HRC ± 1.3 (k=2). Si el límite contractual es ≤35 HRC, la regla de decisión debe estar definida, considerando el uso de guard band.
2. Trazabilidad metrológica: Es necesario demostrar la cadena de trazabilidad hasta patrones nacionales o internacionales para parámetros como CTOD, K_IC, espesor y composición química.

3. Validación/verificación de métodos: Los métodos normalizados se verifican localmente (precisión, repetibilidad), mientras que los internos se validan (linealidad, sesgo, LOD/LOQ, robustez).
4. Garantía continua de validez: Se logra a través de ensayos de aptitud y controles internos periódicos, evitando impugnaciones por falta de comparabilidad.
5. Cadena de custodia y manejo del ítem: Se debe evitar rupturas o contaminación de las muestras, por ejemplo, no alterar el origen de la fractura antes del análisis SEM.
6. Regla de decisión: Es necesario establecer cómo se declara la conformidad frente a criterios (ASME, contrato, NOM), incorporando la incertidumbre de medición.

Ejemplos aplicados al trabajo metalúrgico-forense

Soldadura en recipiente a presión (AISI 410)

- Es necesario medir dureza HV/HRC en ZAC, realizar metalografía, SEM-EDS y análisis químico.
- ISO/IEC 17025 asegura el uso de equipos calibrados, procedimientos validados, incertidumbre conocida, trazabilidad de patrones y reportes con la regla de decisión.
- Incluye intercomparación anual de dureza y OES.

Explosión en línea con H_2S/CO_2

- Requiere fractografía, análisis de corrosión bajo tensión, composición y dureza.
- ISO/IEC 17025 garantiza control ambiental, métodos normalizados verificados, incertidumbre en tasas de corrosión y custodia impecable.

Robo de hidrocarburos (toma ilícita)

- Implica distinguir firmas de corte, depósitos y roscas no originales.
- ISO/IEC 17025 avala el uso de SEM-EDS con estándares de verificación, reportes con espectros y trazabilidad del equipo, y registro fotográfico autenticado.

Documentación de la "regla de decisión"

1. Criterio: Ejemplo: "Dureza en ZAC ≤ 35 HRC" según contrato o norma.
2. Medición: Resultado de 36.0 HRC con incertidumbre U = ±1.3 HRC (k=2, 95%).

3. Regla: Se utiliza guard band de 1.0 HRC; solo se acepta si el resultado es ≤ 34.0 HRC.
4. Dictamen: "No conforme" (36.0 > 34.0), documentando la trazabilidad y cálculo de incertidumbre.

ESTE MODELO PREVIENE litigios por resultados en el límite y es consistente con los requerimientos de la norma.

Checklist mínimo ISO/IEC 17025 para dictamen pericial

- Matriz de equipos con estado de calibración y fechas.
- Matriz de competencias del personal involucrado.
- Procedimientos citados con códigos y versiones.
- Registros crudos: bitácoras, hojas de datos, micrografías con escala.
- Cálculo de incertidumbre: modelo, componentes, valor k y U.
- Evidencia de control de calidad: estándares, duplicados, cartas de control.
- Cadena de custodia completa.
- Regla de decisión y dictamen de conformidad.
- Manejo de no conformidades y acciones correctivas, si las hubo.

Limitaciones de ISO/IEC 17025

- No reemplaza códigos de diseño como ASME, API o AWS.
- No decide responsabilidades legales: aporta calidad y confiabilidad a los hechos técnicos que se interpretan jurídicamente.
- No homologa WPS/PQR: su función es asegurar que las mediciones y ensayos sean realizados con competencia y trazabilidad.

EN RESUMEN, ISO/IEC 17025 es el andamiaje metrológico que permite sustentar ante audiencia que las mediciones y ensayos realizados en el laboratorio son competentes, trazables y con incertidumbre conocida. Su integración al flujo pericial transforma los resultados de laboratorio en pruebas periciales robustas, blindadas ante posibles impugnaciones sobre la imparcialidad, el instrumental, los métodos o los sesgos.

Capítulo II. Fundamentos Jurídicos del Peritaje

El proceso metodológico de intervención pericial basado en las siete preguntas de oro

LA CRIMINALÍSTICA, en su función como disciplina auxiliar de la justicia, no tiene como objetivo encontrar verdades absolutas, sino aproximarse científicamente a la reconstrucción de los hechos controvertidos. Para lograrlo, se recurre a la clásica fórmula de las siete preguntas de oro: ¿qué?, ¿quién?, ¿cómo?, ¿cuándo?, ¿dónde?, ¿con qué? y ¿por qué?. Estas preguntas no funcionan de manera aislada, sino que cada una constituye un nodo metodológico dentro de un proceso pericial estructurado, sustentado en la observación, la experimentación y la contrastación tanto normativa como científica.

1. ¿Qué ocurrió? — Determinación del fenómeno

EL PRIMER PASO EN LA intervención pericial es delimitar el hecho que será materia de investigación, ya sea un accidente, un homicidio, un sabotaje, una falla mecánica, entre otros. El perito debe identificar el objeto material implicado, como el cuerpo, artefacto o evidencia física, y describirlo con precisión técnico-científica. Para ello, utiliza registros fotográficos, planos, esquemas y croquis. La respuesta a la pregunta "¿qué?" genera la hipótesis inicial y establece la unidad de análisis para el resto del proceso.

2. ¿Quién intervino? — Identificación de actores

EN ESTE PUNTO, SE APLICAN técnicas de individualización como el análisis de huellas, ADN, perfiles metalográficos, registros electrónicos y testimonios técnicos para identificar a los posibles intervinientes, ya sean humanos o materiales. La criminalística aquí se vincula estrechamente con la cadena de custodia y la trazabilidad, exigiendo que cada indicio se relacione con una fuente y un posible autor o usuario. El rigor metodológico se apoya en bases comparativas certificadas y normas internacionales como la ISO/IEC 17025 para laboratorios de ensayo.

3. ¿Cómo sucedió? — Modo de ejecución

PARA RESPONDER AL "¿cómo?", se realiza un análisis reconstructivo que puede incluir trayectorias balísticas, huellas de fractura, patrones de deformación plástica, mecanismos de corrosión y cronotanatodiagnóstico. Se emplean modelos científicos como la fractomecánica, termodinámica y biomecánica, así como simulaciones numéricas que permiten reproducir el escenario. El valor del dictamen pericial dependerá de la coherencia entre la teoría, la evidencia y la capacidad de replicar el experimento.

4. ¿Cuándo ocurrió? — Dimensión temporal

EN LA DIMENSIÓN TEMPORAL, se aplican criterios de cronología forense, como la estimación del tiempo de muerte, la datación metalúrgica mediante análisis de óxidos y la reconstrucción de líneas de tiempo electrónicas. El objetivo es situar el hecho dentro de una secuencia verificable, contrastando con registros externos como bitácoras, datos de GPS, cámaras y otros peritajes complementarios. La certeza sobre el momento delimita responsabilidades y permite descartar hipótesis incompatibles con la línea temporal establecida.

5. ¿Dónde ocurrió? — Contexto espacial

EL PERITO DEBE ESTABLECER el lugar de los hechos y el lugar del hallazgo. Para ello, realiza una inspección ocular, levantamiento planimétrico, georreferenciación y puede apoyarse en tecnologías como drones y escáneres 3D. El "dónde" implica más que la mera ubicación física; comprende el entorno de seguridad, la accesibilidad y las condiciones ambientales y socio-técnicas que pueden influir en la interpretación de la evidencia.

6. ¿Con qué se ejecutó? — Instrumentalidad

ESTA PREGUNTA BUSCA identificar armas, herramientas o agentes materiales involucrados, desde un arma de fuego hasta un procedimiento de soldadura defectuoso. El análisis de trazas, residuos, microestructuras o software permite encontrar huellas objetivas que relacionan la causa con el efecto. Además, se realiza una comparación normativa con estándares de fabricación como ASME, API o NOM, así como con protocolos de criminalística.

7. ¿Por qué ocurrió? — Causalidad y motivación

EL CIERRE DEL PROCESO metodológico consiste en determinar la causa eficiente y la motivación. Desde la perspectiva científica, esto implica explicar los mecanismos físicos, químicos o biológicos que desencadenaron el hecho; desde el ámbito jurídico, hace referencia a las intenciones o negligencias humanas. Es fundamental que el perito distinga entre la causa técnica (por ejemplo, una falla por fatiga, corrosión o impacto) y la causa jurídico-penal (como dolo, culpa o imprudencia).

Integración metodológica en el dictamen pericial

EL PROCESO METODOLÓGICO no se limita a contestar las siete preguntas, sino que debe articularse en un dictamen científico-jurídico que incluya:

- Metodología empleada: Detallando los protocolos, normas y la reproducibilidad del proceso.
- Descripción de evidencias: Incluyendo la cadena de custodia y los análisis de laboratorio y gabinete.
- Discusión y contraste: Presentando hipótesis alternativas, refutación de sesgos y controles de validez.
- Conclusiones periciales: Respondiendo con rigor y claridad a las siete preguntas, evitando ambigüedades.

Las siete preguntas de oro no constituyen un simple cuestionario, sino un verdadero esqueleto epistemológico que sustenta la investigación forense. El perito que responde a cada una de ellas con metodología científica, imparcialidad y apego a la normatividad transforma los indicios dispersos en una verdad procesal, aportando al juez un testimonio especializado, sólido y verificable.

El Peritaje en el Sistema Acusatorio y los Litigios Industriales

LA CIENCIA FORENSE y su prospectiva a sufrido un proceso de evolución, todavía no bien entendido por los usuarios y litigantes de servicios periciales profesionales. La cientificidad del Dictamen, su justificación conceptual y metodológica van más allá del ***"leal saber y entender del perito"*** lo cual no cuestiona valores como la ética, la honestidad, donde adquirió el conocimiento el perito y más aún como es que su entendimiento del tema está fundamentado y soportado por la ciencia, la ingeniería, su conocimiento, aplicación y desarrollo con una cierta complejidad metodológica y énfasis científico, lo cual ha tenido como consecuencia una revolución científica de la ciencia forense, soportada por el pensamiento crítico y no el dicho de un supuesto "experto". El "leal saber y entender" fue una salida pericial para evitar los compromisos derivados de la investigación, justificado como "eso conozco, eso hice y eso entiendo", SIN ASUMIR el compromiso de que el resultado fuera verdadero y confiable. Es común que los litigantes y clientes se acerquen al perito y digan: "QUERMOS QUE EL PERITAJE DIGA QUE..." aunque la evidencia científica muestre algo totalmente opuesto.

El conocimiento científico es dinámico, no así sus fundamentos que se constituyen en paradigmas para soportar las bases teóricas de la investigación pericial. Por tanto el concepto de Perito, su actuar en un Peritaje y sus conclusiones presentadas en un Dictamen, se circunscribe al especialista o experto en una ciencia, técnica o arte que reúne los requisitos de acreditación, confiabilidad y credibilidad para realizar una INVESTIGACIÓN CIENTÍFICA de HECHOS con TRASCENDENCIA JURÍDICA, para lo cual debe tener una preparación académica, que soporte la utilización de técnicas confiables que fundamenten la argumentación pericial en el ámbito de la CIENCIA FORENSE. Por tanto el Peritaje se apoyará en pruebas de laboratorio, ensayos científicos, cuyos resultados soporten su Dictamen. Esto también implica que los costos económicos asociados a un Dictamen Pericial se eleven significativamente.

En México, la práctica del peritaje se sostiene en una dualidad jurídica relevante: el Sistema Penal Acusatorio y el Marco Civil, Mercantil y Arbitral. Esta dualidad exige que el experto posea una adaptabilidad tanto metodológica como procesal para responder a los distintos escenarios legales en los que puede intervenir.

Retos del Sistema Penal Acusatorio en Materia Pericial

Número y especialización de los peritos

UNO DE LOS PRINCIPALES desafíos que enfrenta el sistema penal acusatorio es la disponibilidad de un número suficiente de peritos en cada especialidad. Las fiscalías, tanto a nivel federal como estatal, requieren expertos en diversas áreas como química, biología, genética, metalurgia, informática forense y grafoscopía. Sin embargo, la demanda de servicios periciales supera la oferta institucional existente, lo que ocasiona retrasos en la impartición de justicia. Este déficit repercute en el principio de inmediación y afecta el derecho de las partes a obtener una prueba científica oportuna, elemento fundamental reconocido dentro del sistema penal acusatorio.

Eficiencia y calidad en las intervenciones

NO ES SUFICIENTE CONTAR con peritos: es necesario que su desempeño se mida en términos de eficiencia y calidad técnica. Esto implica analizar los índices de éxito en la presentación de dictámenes que puedan sostener tanto la acusación como la defensa, así como la solidez metodológica de los análisis realizados. Desde una perspectiva científica, la calidad se garantiza mediante el uso de protocolos homologados, la trazabilidad de la cadena de custodia y la validación de los métodos analíticos empleados. En el ámbito jurídico, está en juego el valor probatorio de los dictámenes ante el juez.

Estándares de competencia pericial

LA EXISTENCIA DE ESTÁNDARES nacionales que definan las competencias mínimas que debe acreditar un perito representa un reto central. El Registro Nacional de Estándares de Competencia (CONOCER) es un referente importante en México, pero aún es necesario que todas las especialidades periciales cuenten con marcos normativos homologados. El sistema penal acusatorio exige peritos objetivos e imparciales, lo cual solo es posible mediante certificaciones verificables que acrediten conocimientos, habilidades y destrezas.

Certificación y actualización permanente

SI BIEN EL NÚMERO DE peritos certificados ha aumentado desde 2018, este avance resulta insuficiente. El reto no radica únicamente en la certificación, sino en asegurar la actualización permanente de los peritos, ya que la ciencia forense evoluciona rápidamente con nuevas técnicas como el ADN avanzado, modelado digital 3D y metalografía avanzada. Legalmente, un perito desactualizado puede incurrir en negligencia técnica, lo que pone en riesgo el debido proceso.

Infraestructura y acreditación de laboratorios

LOS DICTÁMENES CIENTÍFICOS adquieren validez únicamente cuando se elaboran en laboratorios acreditados conforme a normas nacionales e internacionales, como la ISO/IEC 17025. Sin embargo, muchos laboratorios oficiales aún carecen de acreditaciones completas, lo que disminuye la fuerza probatoria de los resultados obtenidos. Por ello, invertir en infraestructura y tecnología forense es indispensable para cumplir con los estándares internacionales de derechos humanos.

Homologación de protocolos y guías

EN EL PASADO, CADA fiscalía y laboratorio trabajaban con protocolos propios, generando disparidad en el levantamiento de indicios, análisis de evidencias y redacción de dictámenes. El reto actual es lograr la homologación de los protocolos periciales, garantizando igualdad procesal entre las partes, transparencia en la prueba y confiabilidad científica. El marco legal exige la adecuación de acuerdos y manuales al sistema acusatorio, priorizando la contradicción y la publicidad en juicio.

Control de confianza y ética pericial

EL SISTEMA PENAL ACUSATORIO demanda peritos confiables y éticos. Para ello, se implementan exámenes de control de confianza y se exige imparcialidad, con el objetivo de reducir riesgos de corrupción o manipulación de pruebas. Este reto no solo es administrativo, sino también de credibilidad social, ya que la imparcialidad pericial es esencial para la legitimidad de las sentencias.

Inclusión de perspectiva de género y derechos humanos

EL PERITAJE CONTEMPORÁNEO debe ir más allá del aspecto técnico y considerar la perspectiva de género y el respeto a los derechos humanos. Esto implica la aplicación de protocolos diferenciados para la atención a víctimas, recolección de testimonios y análisis de indicios en delitos como violencia sexual o desapariciones. El reto consiste en sensibilizar y capacitar a los peritos en estas materias, para que su actuación cumpla con los estándares internacionales de protección.

El sistema penal acusatorio enfrenta retos estructurales en materia pericial que abarcan desde la cantidad y calidad de los peritos, hasta la infraestructura tecnológica, la certificación de competencias y la homologación de protocolos. La resolución de estos desafíos es indispensable para garantizar la credibilidad de la justicia penal, el respeto a los derechos fundamentales de las partes y la consolidación de un sistema acusatorio en el que la ciencia forense sea verdaderamente el pilar para el esclarecimiento de los hechos.

A partir de la Reforma Constitucional de 2008, que dio origen al sistema acusatorio, se instauraron los principios de publicidad, contradicción, inmediación, concentración, continuidad y oralidad, contenidos en el Código Nacional de Procedimientos Penales (CNPP). Estos principios buscan no solo un proceso más transparente y justo, sino que transforman la prueba pericial, que deja de ser únicamente un documento burocrático para convertirse en un testimonio vivo, sujeto a debate y escrutinio. Así, el peritaje se vincula directamente con el debido proceso y la protección de derechos, orientado a la búsqueda de la verdad histórica del delito.

Por otro lado, con la implementación gradual del Código Nacional de Procedimientos Civiles y Familiares (CNPCF), el perito metalúrgico enfrenta situaciones en las que el objetivo no es el delito, sino el incumplimiento contractual y la responsabilidad patrimonial. Esto implica nuevos retos, como la necesidad de atender reglas más estrictas en la formulación de interrogatorios, la temporalidad para objeciones y el desahogo de peritajes de parte, así como la exigencia de establecer una sólida correlación entre la falla técnica —por ejemplo, creep o corrosión bajo tensión— y la teoría del caso legal, ya sea responsabilidad objetiva por riesgo creado o responsabilidad contractual por desviación de especificaciones ASME/API.

Evolución Histórica: Del Sistema Inquisitivo a la Autoridad Técnica Oral

LA TRANSICIÓN DEL SISTEMA inquisitivo, caracterizado por su formalismo y enfoque escrito, al sistema penal acusatorio, con énfasis en la oralidad, publicidad y garantías procesales, elevó el papel del perito. De ser un simple auxiliar, el perito se convierte en un actor esencial cuya autoridad técnica se construye y defiende en la audiencia.

Evolución del Rol del Perito en el Proceso Penal Mexicano

El sistema inquisitivo: formalismo y escritura como eje

DURANTE SIGLOS, MÉXICO adoptó un modelo procesal penal heredado de la tradición castellana, caracterizado por el sistema inquisitivo. Este sistema se distinguía por el predominio del expediente escrito, el secretismo y el excesivo formalismo. El juez asumía simultáneamente las funciones de investigación, acusación y resolución, mientras que el imputado quedaba relegado a un papel pasivo dentro del procedimiento.

En este contexto, la prueba pericial desempeñaba un papel limitado. El perito era convocado como simple auxiliar, encargado de aportar conocimientos técnicos, pero su intervención rara vez trascendía el ámbito documental. Su voz quedaba enterrada en actas y dictámenes, sin posibilidad de ser debatida o confrontada oralmente. Así, la construcción de la verdad jurídica se realizaba principalmente sobre documentos y no mediante la contradicción pública en audiencia.

La transición hacia el sistema acusatorio

LAS REFORMAS CONSTITUCIONALES de 2008 y su plena implementación en 2016 marcaron la adopción del sistema penal acusatorio y oral en México, sustentado en principios como la publicidad, la contradicción, la inmediación y la concentración. Este cambio representó una transformación radical en el papel del conocimiento especializado dentro del proceso penal.

La prueba pericial dejó de ser un documento accesorio en el expediente para convertirse en un testimonio vivo que debe ser defendido ante el tribunal. El expediente perdió su centralidad y el escenario principal pasó a ser la sala de oralidad, donde las partes presentan, contradicen y fundamentan sus argumentos. En este nuevo marco, la intervención del perito se somete al escrutinio público y debe resistir la confrontación directa con jueces, fiscales, defensores y otros expertos.

El perito como autoridad técnica oral

CON LA TRANSICIÓN AL sistema acusatorio, el perito dejó de ser una figura marginal y se transformó en un actor esencial dentro del juicio penal. Esta evolución puede sintetizarse en tres aspectos fundamentales:

- De auxiliar a protagonista técnico: El perito ya no se limita a redactar dictámenes; ahora es responsable de exponer sus conclusiones con claridad, rigor y capacidad de defensa oral, lo que determina el valor probatorio de su trabajo.
- De documento a testimonio: La pericia escrita representa solo el inicio del proceso. Lo determinante ocurre durante el contrainterrogatorio, donde se pone a prueba la solidez científica y la imparcialidad del experto.
- De subordinado a autoridad técnica: En el sistema que privilegia la inmediación, el juez forma convicción principalmente a partir de la autoridad técnica que el perito proyecta en audiencia. La credibilidad se construye mediante transparencia metodológica, dominio normativo y la capacidad de traducir conceptos complejos a lenguaje accesible.

Así, el perito metalúrgico, médico, balístico o contable se convierte en un puente entre la ciencia y el derecho, enfrentando la presión de la contradicción pública y el debate oral.

Implicaciones para la práctica pericial

LA EVOLUCIÓN PROCESAL exige una transformación profesional en los peritos, quienes deben responder a nuevas exigencias:

- Formación dual: Además del conocimiento técnico especializado, ahora se requieren competencias procesales y retóricas para defender con firmeza el dictamen ante el tribunal.
- Ética reforzada: La publicidad y oralidad del proceso demandan una imparcialidad verificable; el perito debe mantener distancia ante las partes y apegarse estrictamente a la ciencia.
- Construcción de autoridad técnica: La credibilidad no es automática y debe ganarse en audiencia mediante explicaciones claras, metodologías trazables y una defensa sólida ante la contradicción.

El perito se erige, así como una figura híbrida, con un pie en la ciencia y otro en el foro, legitimando su voz en un espacio donde el conocimiento técnico ya no se presume, sino que se demuestra activamente.

El nuevo paradigma procesal

LA TRANSICIÓN DEL SISTEMA inquisitivo al acusatorio en México no solo transformó la arquitectura del proceso penal, sino que redibujó el mapa de la prueba pericial. El perito pasó de ser una sombra en los expedientes escritos a convertirse en un actor esencial de la justicia oral, cuya autoridad técnica se pone a prueba en vivo ante la mirada crítica del juez y de la sociedad.

Principio Rector	**Implicación para el Perito Metalúrgico**
Publicidad y Oralidad	El perito debe ser capaz de comunicar conceptos complejos, como la fatiga de bajo ciclo, en un lenguaje comprensible para el juzgador.
Contradicción	La metodología utilizada (ASTM E2332) y las conclusiones deben ser defendibles y científicamente fundamentadas ante el contrainterrogatorio, garantizando su replicabilidad y trazabilidad.
Inmediación	El juez evalúa directamente la credibilidad y solvencia técnica del perito durante el testimonio, más allá del documento escrito.

La Prueba Pericial como Testimonio Científico en el Sistema Acusatorio Mexicano

La naturaleza de la prueba pericial

EN EL SISTEMA PENAL acusatorio vigente en México, la prueba pericial ocupa un lugar central como medio de convicción. El perito, quien debe contar con conocimientos especializados y acreditados mediante títulos, certificaciones y experiencia, aplica la ciencia de materiales y la ingeniería forense para analizar hechos controvertidos. Así, su intervención no se limita a emitir una simple opinión, sino que representa un testimonio científico, sustentado en principios de objetividad, racionalidad y evidencia empírica.

La legitimidad de la prueba pericial descansa en dos pilares: el conocimiento técnico del perito y la aplicación de un método científico que asegure que el análisis sea verificable, reproducible y libre de arbitrariedad. De esta manera, el perito se convierte en un auxiliar fundamental de la justicia, cuya voz influye directamente en la construcción de la verdad judicial.

La metodología como criterio de validez

EL DICTAMEN PERICIAL es evaluado por el juez bajo criterios de sana crítica y convicción lógica. Para alcanzar validez, la metodología empleada debe cumplir con estándares reconocidos en la disciplina. Es indispensable que el método sea reproducible, es decir, que otro experto, usando los mismos insumos y procedimientos, pueda obtener resultados equivalentes. Asimismo, debe ser adecuado al objeto de la controversia, por ejemplo, recurriendo a la fractomecánica para analizar fallas en materiales o a la espectroscopia para estudios de autenticidad documental.

Además, la trazabilidad es un requisito esencial: cada conclusión del dictamen debe estar respaldada por datos verificables y no por inferencias subjetivas. Por ello, el juez no sólo examina el contenido del dictamen, sino que también analiza la coherencia lógica entre los hechos, el método aplicado y las conclusiones presentadas.

Imparcialidad e integridad del perito

EL PERITO FUNGE COMO auxiliar de la justicia y no como parte interesada en el litigio. Por ello, su labor está sujeta a exigencias éticas ineludibles. Debe actuar con imparcialidad, evitando sesgos derivados de presiones externas, intereses económicos o afinidades personales. Asimismo, la integridad científica le obliga a abstenerse de manipular resultados, omitir datos relevantes o emplear métodos sin respaldo técnico.

A nivel jurídico, el perito tiene una responsabilidad que va más allá de la autoridad judicial: responde también ante su gremio profesional y, finalmente, ante la sociedad. El incumplimiento de estos deberes compromete la confianza en el sistema judicial y puede invalidar el testimonio pericial.

El juez frente al testimonio científico

EN LA VALORACIÓN DE la prueba pericial, el juez debe establecer un diálogo entre ciencia y derecho. Aunque no es técnico, le corresponde comprender la lógica del dictamen y ponderar su fuerza convictiva. Para ello, emplea criterios de sana crítica, que consisten en un análisis racional libre de prejuicios, y el principio de contradicción, que implica contrastar el dictamen con otras pruebas y con la pericia de la contraparte.

La persuasión lógica es otro elemento fundamental: el juez debe verificar que las conclusiones del perito deriven de manera natural de las premisas y datos presentados. Así, el juzgador garantiza que la ciencia oriente la decisión judicial, sin abdicar de su función decisoria.

La prueba pericial, concebida como testimonio científico, ha dejado de ser una referencia periférica para convertirse en un instrumento decisivo que orienta la verdad judicial en escenarios de incertidumbre. Su eficacia depende de la solidez del método empleado, la transparencia del razonamiento y la integridad del perito.

En suma, la labor pericial es un puente entre el mundo de la ciencia y el de la justicia. Cuando dicho puente se construye con rigor y ética, la decisión judicial resulta no sólo legítima, sino también científicamente sustentada.

Marco Normativo Aplicable y Jerarquía de la Prueba en el Peritaje Metalúrgico

EL PERITAJE METALÚRGICO, como modalidad de prueba científica, está sometido a un entramado jurídico jerarquizado que garantiza tanto la validez formal como la eficacia material del dictamen en juicio. Esto significa que la prueba debe ser no sólo técnicamente idónea, sino también legítima desde el punto de vista jurídico. El respeto a esta jerarquía permite que el dictamen pericial funcione como medio de convicción válido y como testimonio científico con fuerza probatoria.

Nivel Constitucional

EN LA CÚSPIDE DE LA pirámide normativa se encuentra la Constitución Política de los Estados Unidos Mexicanos, que establece lineamientos esenciales para la legalidad del peritaje metalúrgico. El Artículo 16 consagra la garantía de legalidad y debido proceso, prohibiendo la obtención de pruebas ilícitas; esto implica que el proceso de toma de muestras, inspecciones y análisis debe realizarse conforme a protocolos reconocidos y con una cadena de custodia documentada. El Artículo 20 introduce principios del proceso penal acusatorio como la oralidad, contradicción e inmediación, lo que exige que el perito comparezca en audiencia, defienda su dictamen y responda a contrainterrogatorios, elevando así el peso de su autoridad científica. Por último, el Artículo 21 delimita la función investigadora del Estado y reconoce la centralidad de la prueba pericial en la búsqueda de la verdad material. Por todo ello, el perito asume el papel de garante de la legalidad probatoria; su dictamen representa no sólo un documento técnico, sino también un acto procesal respaldado por garantías constitucionales.

Nivel de Leyes Procesales

LAS LEYES SECUNDARIAS regulan la mecánica de ofrecimiento, admisión, desahogo y valoración de la prueba pericial. El Código Nacional de Procedimientos Penales (CNPP) establece los plazos y formalidades para ofrecer peritajes, los criterios para la designación de peritos oficiales o de parte, las reglas de objeción, el desahogo en audiencia y los lineamientos para la exposición oral y el contrainterrogatorio. Por su parte, el Código Nacional de Procedimientos Civiles y Familiares (CNPCF) contempla disposiciones similares para la materia no penal, sobre todo en lo relativo a dictámenes técnicos, objeción por falta de idoneidad o metodologías inválidas, y valoración bajo criterios de sana crítica. De este modo, el rigor exigido al perito no se limita a lo científico; debe respetar plazos, formatos procesales y formalidades de ofrecimiento, ya que el incumplimiento de estos requisitos puede llevar a la exclusión de la prueba, sin importar la calidad técnica del dictamen.

Nivel de Tratados Internacionales

LA CONSTITUCIÓN, EN su artículo 1°, reconoce los tratados internacionales en materia de derechos humanos como parte del parámetro de control de regularidad constitucional. El Pacto de San José (Convención Americana sobre Derechos Humanos) establece el derecho a un juicio justo, en el que las pruebas deben ser confiables, pertinentes y obtenidas legalmente. El peritaje científico es fundamental para cumplir con este estándar. Otros instrumentos internacionales, como el PIDCP y la jurisprudencia de la Corte Interamericana, insisten en que la prueba científica debe ser objetiva, imparcial y metodológicamente sólida para garantizar la igualdad procesal de las partes. Así, el dictamen pericial adquiere dimensión internacional, y el incumplimiento de estándares metodológicos o la parcialidad pueden vulnerar derechos humanos, lo que abriría la puerta a recursos de amparo o revisiones supranacionales.

Jerarquía Operativa en la Prueba

EN LA PRÁCTICA JUDICIAL, la jerarquía normativa se traduce en reglas concretas para la actuación pericial: la primacía constitucional exige que toda intervención garantice la legalidad y el respeto a los derechos humanos; el sometimiento procesal demanda que el dictamen se ajuste a los códigos procesales aplicables, respetando ofrecimiento, plazos y formas; el rigor científico internacional obliga a aplicar metodologías reconocidas (ASTM, ASME, API, normas PEMEX, ISO, etc.), garantizando reproducibilidad y validez técnica.

En suma, para que el peritaje metalúrgico sea valorado como testimonio científico válido, se requiere no sólo excelencia técnica, sino también obediencia a un marco normativo jerárquico que lo legitime. El perito actúa como puente entre la ciencia y el derecho, obligado a garantizar que cada observación microscópica, cada ensayo de dureza o fractografía, esté respaldado por normas constitucionales, procesales e internacionales. Un dictamen técnicamente impecable pero jurídicamente defectuoso se convierte en letra muerta; por el contrario, aquel que conjuga rigor científico con respeto absoluto a la jerarquía normativa se transforma en la piedra angular de la decisión judicial.

Checklist Normativo y Ético del Perito Metalúrgico

EL EJERCICIO PROFESIONAL del perito en materia metalúrgica exige una rigurosa observancia de un marco normativo y ético, cuya finalidad es asegurar la validez de su intervención dentro del proceso judicial. Para que el dictamen pericial tenga fuerza probatoria y sea jurídicamente incuestionable, el experto debe someterse a una autoevaluación previa y estricta de su cumplimiento a una serie de requisitos esenciales, desde su acreditación hasta la declaración de posibles conflictos de interés. El siguiente desarrollo expone las principales dimensiones de este checklist y su impacto en la función pericial.

Acreditación Oficial

LA LEGITIMIDAD DE LA investidura del perito es el primer requisito y opera como filtro de entrada para el ejercicio profesional en el ámbito judicial. El perito debe contar con un registro vigente ante el Consejo de la Judicatura Federal (CJF) o ante la autoridad competente correspondiente, ya sea tribunales locales, fiscalías u organismos reguladores. Esta acreditación no representa únicamente un acto formal, sino la manifestación de que el perito ha superado los estándares de idoneidad, confiabilidad y honorabilidad definidos por la judicatura. En ausencia de este requisito, cualquier dictamen emitido corre el riesgo de ser desestimado por falta de autoridad procesal, lo que afectaría la validez de la prueba y la responsabilidad profesional del experto.

Competencia Técnica

LA PRUEBA PERICIAL debe surgir de un profesional con dominio comprobable en la materia específica objeto de controversia. El perito metalúrgico está obligado a confirmar que su especialidad técnica —ya sea en soldadura, tratamientos térmicos, corrosión, fractomecánica o integridad estructural— corresponde directamente al objeto del litigio. Esta correspondencia se valida mediante acreditaciones complementarias, tales como certificaciones SEP-CONOCER, membresías técnicas en organizaciones reconocidas (AWS, ASME, NACE), grados académicos y experiencia demostrable en casos similares. La omisión de este requisito puede derivar en impugnaciones por incompetencia técnica e incluso en la nulidad del dictamen, comprometiendo la eficacia probatoria de la intervención pericial.

Conocimiento Procesal

EL RIGOR CIENTÍFICO del dictamen debe ir acompañado de solvencia jurídica por parte del perito. Es indispensable que el experto domine los capítulos pertinentes del Código Nacional de Procedimientos Penales (CNPP), especialmente aquellos relacionados con la oferta, admisión, contradicción y desahogo de pruebas periciales. Asimismo, en procedimientos civiles y familiares, debe conocer las disposiciones del Código Nacional de Procedimientos Civiles y Familiares (CNPCF). La oralidad y la contradicción constituyen elementos clave, pues el perito no solo entrega un documento técnico, sino que lo defiende en audiencia, bajo el escrutinio del examen y contrainterrogatorio, en cumplimiento de los principios de inmediación y publicidad que rigen el proceso judicial.

Cadena de Custodia

LA FUERZA PROBATORIA del dictamen pericial depende de la integridad de la evidencia sobre la cual se fundamenta. El perito tiene la obligación de establecer un protocolo inmediato de cadena de custodia, aplicable tanto a evidencias físicas (muestras metálicas, soldaduras, fracturas, componentes dañados) como a evidencias digitales (micrografías, resultados de ensayos, simulaciones computacionales). Para ello, debe apegarse a normas técnicas reconocidas, como ASTM E2332 para la investigación y análisis de fallas físicas en componentes, así como ISO/IEC 27037 para la identificación, recolección y preservación de evidencia digital. Una cadena de custodia rota o deficiente implica que la prueba está contaminada y pierde valor jurídico dentro del proceso judicial.

Causales de Excusa y Ética Profesional

LA IMPARCIALIDAD CONSTITUYE el núcleo de la función pericial y la base de su legitimidad ante el tribunal. El perito debe identificar y declarar cualquier conflicto de interés que pudiera poner en duda su independencia profesional, ya sea por vínculos económicos, laborales, familiares o académicos con alguna de las partes involucradas. La excusa oportuna es una obligación ética y legal; ocultar un conflicto de interés puede derivar en sanciones administrativas, responsabilidad civil por daños e incluso consecuencias penales. El Código de Ética del Poder Judicial de la Federación, junto con las guías de conducta pericial, insisten en la independencia profesional como condición indispensable para la validez del dictamen.

En síntesis, el checklist normativo y ético opera como un mecanismo de autoevaluación previa que protege tanto al perito como al proceso judicial. Cada paso —desde la acreditación oficial hasta la identificación de causales de excusa— asegura que el dictamen metalúrgico trascienda el mero informe técnico y se consolide como una prueba científicamente válida y jurídicamente incuestionable. Cumplir con este checklist permite al perito erigirse como testigo científico de la verdad, dotado de la autoridad moral y legal para influir en la decisión judicial.

Esquema Visual: Flujo del Perito en el Proceso Judicial

LA INTERVENCIÓN DEL perito sigue una progresión lógica hasta culminar en la defensa oral:

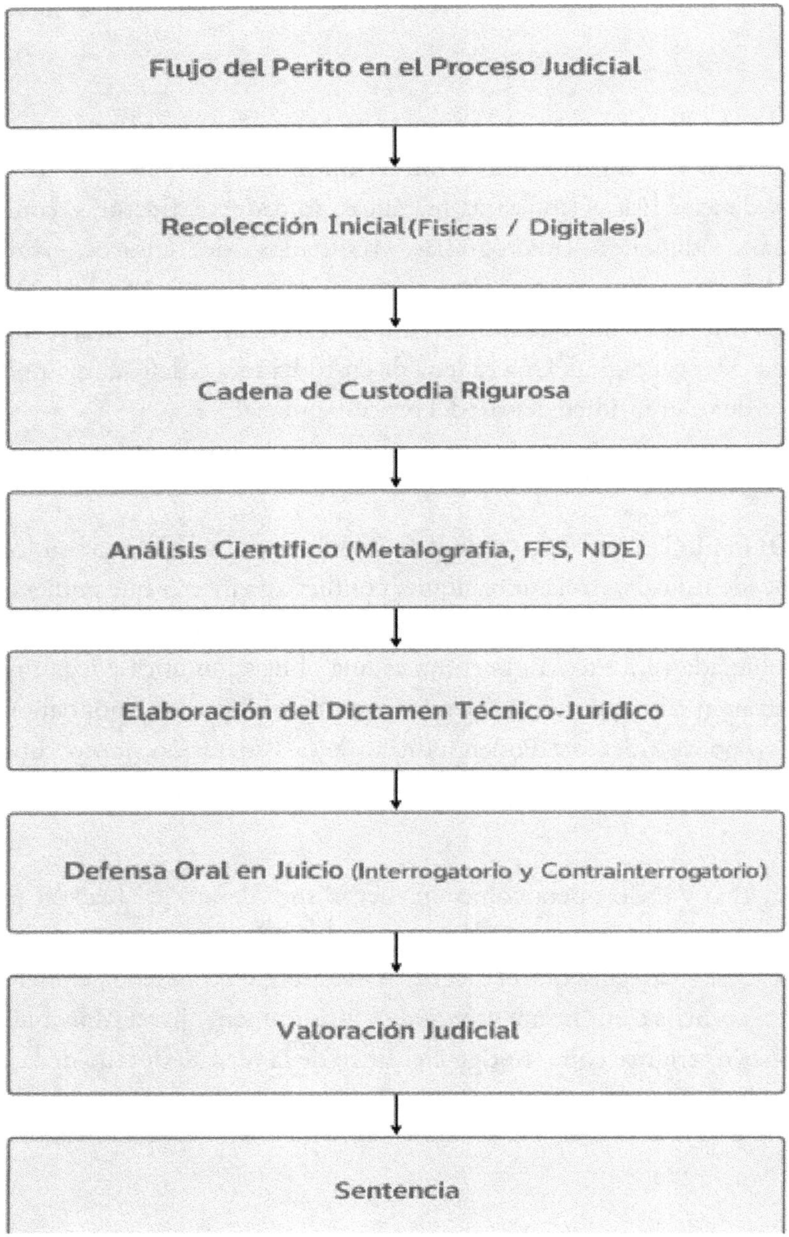

Esquema Visual: Flujo del Perito en el Proceso Judicial

1. Investigación inicial

EN ESTA ETAPA, EL PERITO delimita el problema pericial y define las preguntas forenses que el dictamen debe responder. Se revisan los hechos controvertidos y se analiza la hipótesis técnica de cada parte involucrada. El alcance del análisis se determina según los materiales, procesos (como soldadura), condiciones de servicio y el historial de fallas. Además, se identifican preliminarmente las normas técnicas aplicables, tales como ASME VIII/IX, API 579-1/ASME FFS-1, TEMA y ASTM. El marco jurídico relevante incluye la Constitución (legalidad y debido proceso), así como el CNPP y CNPCF respecto a la oferta y pertinencia de la prueba. Es fundamental definir desde este punto los parámetros metodológicos y los criterios de aceptación o rechazo para blindar la pertinencia técnica y evitar objeciones por vaguedad, ya que cualquier ambigüedad puede llevar a impugnaciones por impertinencia o a que se considere una "pesca probatoria".

2. Recolección de evidencias (físicas y digitales)

EL OBJETIVO ES OBTENER muestras y datos con trazabilidad completa. Se aplican estándares y guías como ASTM E2332 para investigación de fallas, ISO/IEC 27037 para evidencia digital y buenas prácticas fotográficas y de registro. El muestreo debe ser representativo en cuanto a ubicación, orientación y profundidad, y las muestras deben etiquetarse con identificadores únicos. La captura de evidencia digital —como micrografías, archivos CAD/SCADA, fotos y videos— debe incluir hash (por ejemplo, SHA-256) y metadatos. El marco jurídico exige que la obtención sea lícita, se respete la posesión y se cuenten con las autorizaciones necesarias. El plan de muestreo debe estar firmado, llevar una bitácora detallada, contar con testigos y sellos inviolables. Los riesgos incluyen toma intrusiva sin autorización, pérdida de representatividad o alteración de metadatos, lo cual puede derivar en nulidad o exclusión de la evidencia.

3. Cadena de custodia rigurosa

EL PROPÓSITO TÉCNICO-jurídico es garantizar la conservación de la identidad e integridad de la evidencia desde su recolección hasta su presentación. Se siguen estándares como ASTM E2332, ISO/IEC 27037 y ISO/IEC 17025 para asegurar trazabilidad en laboratorio. Las actuaciones incluyen el registro detallado de los formatos de transferencia (quién, cuándo, dónde, por qué y cómo), así como el sellado, almacenamiento, transporte y registro fotográfico de la evidencia. Para datos digitales, es indispensable calcular y verificar el hash en cada transferencia y, cuando corresponda, utilizar dispositivos de bloqueo de escritura (*write-blockers*). Cada paso debe dejar un rastro verificable;

cualquier divergencia es una alerta. La ruptura de la cadena implica contaminación presumida y pérdida de fuerza probatoria.

4. Análisis científico (metalografía, FFS, NDE)

EL ANÁLISIS CIENTÍFICO busca establecer el mecanismo de daño o falla y su relación causal con los hechos, empleando metodologías validadas. Se utilizan técnicas como la metalografía y fractografía (ASTM E3, E407, E112, SEM/EDS), caracterización mecánica (dureza según ASTM E384/E18, tenacidad, microdureza, química por OES/EDS), y ensayos no destructivos (NDE/NDT), incluyendo MT (ASTM E1444/E709), PT (E165/E1417), UT (E213), RT (E1032) y ET (E309). La evaluación de integridad se realiza conforme a API 579-1/ASME FFS-1. La metodología exige reproducibilidad, control de incertidumbre y criterios claros de aceptación, evitando sesgos. Se verifica la trazabilidad de los resultados, calibración vigente, y se emplean controles como *blanks* y *dups* cuando corresponda. Si la técnica o los parámetros no están documentados adecuadamente, puede impugnarse por falta de fiabilidad científica.

5. Elaboración del dictamen técnico-jurídico

EL DICTAMEN DEBE TRADUCIR el análisis científico en una prueba comprensible, verificable y útil para el juez. La estructura mínima aconsejada incluye antecedentes y objeto, preguntas periciales, marco normativo (constitucional, procesal y técnico), metodología con referencias normativas, resultados y discusión, conclusiones claras y respuestas puntuales. Se anexan la cadena de custodia, fotografías, tablas, estimaciones de incertidumbre, CV del perito y acreditaciones. Es crucial la congruencia lógica y la diferenciación entre hechos observados, inferencias y opiniones expertas. Los riesgos abarcan lagunas metodológicas, afirmaciones no sustentadas y omisión de límites e incertidumbres, lo que puede debilitar el dictamen en el contrainterrogatorio.

6. Presentación en audiencia preliminar (intermedia en penal / preliminar en civil)

EN ESTA FASE, EL OBJETIVO jurídico es superar el filtro de admisibilidad y resolver objeciones. La clave procesal está en demostrar la pertinencia, utilidad, legalidad y oportunidad conforme al CNPP o CNPCF. El perito debe exponer la confiabilidad de su método y anticipar objeciones sobre competencia, metodología y cadena de custodia. Si se falla en demostrar pertinencia o fiabilidad, la prueba puede ser excluida o admitida de manera condicionada.

7. Defensa oral en juicio (interrogatorio y contrainterrogatorio)

LA DEFENSA ORAL BUSCA robustecer la credibilidad técnica del perito ante el proceso de contradicción. Se recomienda responder de manera directa y fundamentada en el dictamen y los datos recabados. Es importante explicar la incertidumbre y los límites del análisis sin debilitar la conclusión central, y diferenciar los grados de certeza ("posible", "probable", "moralmente cierto") según el estándar requerido. Los riesgos incluyen concesiones imprecisas, especulación fuera del alcance del dictamen y contradicciones internas.

8. Valoración judicial

LA VALORACIÓN JUDICIAL se realiza bajo el principio de sana crítica, lógica, máximas de experiencia y conocimientos científicos. Los criterios típicos de ponderación son la competencia del perito, la regularidad en la obtención de evidencia, la cadena de custodia, la metodología y validez externa, la consistencia interna, así como la congruencia con otros medios de prueba. La debilidad en cualquiera de estos aspectos disminuye el peso convictivo del dictamen.

9. Sentencia

FINALMENTE, LA PRUEBA pericial, integrada al conjunto probatorio, informa la decisión del juez. Es importante señalar que el dictamen no condena ni absuelve, sino que orienta al tribunal. La fuerza del dictamen descansa en la legalidad de origen y la solidez científica del proceso seguido.

Si el juez solicitara una síntesis, los puntos clave serían: la legalidad de origen (obtención lícita y pertinencia), la integridad (cadena de custodia sin fisuras física y digital), la fiabilidad científica (método válido, trazable, reproducible y bien documentado) y la defensa (exposición clara, reconocimiento de límites y congruencia total).

Modelo de Presentación en Juicio Oral: Enfoque de Autoridad Técnica

LA COMPARECENCIA DE un perito en juicio oral demanda no sólo claridad en el manejo de conceptos científicos, sino también una estructura discursiva que respete las reglas procesales de oralidad, contradicción e inmediación. Para ello, es fundamental que el perito cuente con una guía estratégica que combine rigor científico y solidez jurídica, permitiéndole exponer sus hallazgos de manera robusta y convincente ante el tribunal.

1. Apertura: Acreditación y Autoridad

EL PRIMER PASO CONSISTE en establecer la legitimidad profesional del perito frente al juez o árbitro. Es imprescindible que el perito se presente con su nombre completo y acreditación oficial, mencionando explícitamente su registro ante el Consejo de la Judicatura Federal (CJF) o la autoridad competente. Además, debe señalar su especialidad técnica, asegurando que guarda una relación directa con el objeto de la controversia.

Ejemplo: "Con su venia, Su Señoría. Mi nombre es Leopoldo Rodríguez Reyes, Perito Acreditado en Metalurgia, con Registro vigente ante el Consejo de la Judicatura Federal. Mi especialidad es el Análisis de Falla en Componentes Presurizados."

2. Objeto de la Designación

TRAS LA ACREDITACIÓN, el perito debe precisar, de manera concisa, el componente o fenómeno técnico que le fue encomendado analizar. Esto implica identificar el equipo involucrado (por ejemplo, reactor industrial, intercambiador de calor, recipiente a presión) y contextualizar el siniestro o la falla que motiva su intervención.

Ejemplo: "Fui designado para analizar la fractura ocurrida en el reactor industrial con identificación [ID del Componente]."

3. Metodología Científica

EN ESTA SECCIÓN, EL perito debe establecer el estándar de confiabilidad científica que respalda su prueba. Es necesario mencionar la norma marco utilizada en la investigación, como la ASTM E2332 para análisis de fallas, así como las técnicas aplicadas (metalografía, ensayos no destructivos, evaluación FFS bajo API 579-1/ASME FFS-1). Asimismo, conviene destacar el nivel metodológico alcanzado, por ejemplo, el Nivel 3 de API 579, considerado el más riguroso.

Ejemplo: "Mi metodología se basó en la Norma ASTM E2332 y en la Evaluación de Integridad conforme al estándar API 579-1, Nivel 3, que constituye el máximo rigor analítico en la materia."

4. Resultados Concluyentes

LA EXPOSICIÓN DE LOS resultados debe ser clara, cuantitativa y respaldada por una norma técnica específica. Es recomendable describir el mecanismo de falla identificado, aportar datos objetivos (como la dureza obtenida) y contrastar estos resultados con los límites establecidos por la norma correspondiente.

Ejemplo: "Los resultados concluyentes indican que la falla se debió a fragilización por temple en la zona afectada por el calor de la soldadura. Las mediciones arrojaron una dureza de 45 HRC, excediendo el límite normativo de 28 HRC impuesto por ASME B31.3."

5. Nexo Causal y Responsabilidad Técnica

EN ESTE PUNTO, EL PERITO debe enlazar sus hallazgos con la consecuencia jurídica que se deriva de ellos. Es esencial relacionar la desviación de la normativa con el siniestro, exponiendo la existencia de un nexo causal directo que fundamenta la responsabilidad técnica.

Ejemplo: "Esta desviación constituye el nexo causal directo del siniestro y establece la base técnica de la responsabilidad."

6. Entrega Formal del Dictamen

EL PERITO DEBE PONER a disposición del tribunal y las partes el documento escrito que contiene el dictamen, así como los anexos normativos correspondientes. Es importante destacar la inclusión de la matriz de cumplimiento normativo, la documentación sobre la cadena de custodia y las evidencias fotográficas que respaldan el análisis realizado.

Ejemplo: "Presento mi dictamen escrito, el cual contiene la matriz de cumplimiento normativo y la documentación de cadena de custodia."

7. Cierre y Disponibilidad para Contradicción

FINALMENTE, EL PERITO debe manifestar su disposición ética y procesal para responder preguntas durante el contrainterrogatorio, subrayando su independencia e imparcialidad en el proceso.

Ejemplo: "Quedo a disposición de este tribunal y de las partes para responder a sus preguntas en el marco de la contradicción."

Reflexión Final sobre el Modelo

ESTE MODELO DE PRESENTACIÓN no se limita a ser una fórmula protocolaria, sino que constituye la columna vertebral de la autoridad técnica en juicio oral. Al estructurar su intervención en torno a los ejes de autoridad, método, resultado, causalidad y disponibilidad para la contradicción, el perito cumple simultáneamente con exigencias procesales (legalidad, pertinencia y contradicción conforme al CNPP y CNPCF), científicas (reproducibilidad, trazabilidad y validez metodológica) y éticas (imparcialidad y claridad para facilitar la sana crítica judicial).

Guía de Buenas Prácticas Éticas y Ejemplos de Sanciones en la Labor Pericial

LA LABOR DEL PERITO representa un acto de responsabilidad científica, ética y judicial. No basta con poseer competencia técnica; la legitimidad de su dictamen se mide también por la transparencia, imparcialidad y claridad con la que expone sus hallazgos. Para garantizar la integridad de la función pericial, es necesario observar principios éticos, conocer los riesgos y sanciones por incumplimiento, y desarrollar habilidades blandas que permitan una intervención confiable y persuasiva ante el tribunal.

Buenas Prácticas Éticas

EL DICTAMEN PERICIAL debe estar redactado en un lenguaje claro y accesible, evitando tecnicismos innecesarios o explicando aquellos que resultan indispensables mediante notas o anexos. Este enfoque facilita la accesibilidad probatoria, ya que permite que jueces y abogados no especialistas comprendan los hallazgos expuestos.

Toda conclusión del perito debe estar sustentada en normas reconocidas como ASTM, ASME, API, ISO, PEMEX, entre otras, y en metodologías científicas que sean reproducibles. Citar expresamente estas normas fortalece la fiabilidad del dictamen y lo protege ante posibles impugnaciones por arbitrariedad.

Es fundamental que el perito reconozca de manera transparente los alcances y limitaciones técnicas de su análisis, como incertidumbres, muestras insuficientes o condiciones no controladas. Esta honestidad previene acusaciones de sobreinterpretación o falsedad técnica.

El perito debe mantener neutralidad jurídica, delimitando únicamente los hechos técnicos sin emitir juicios de derecho ni asignar responsabilidades legales. Es importante dejar claro que la valoración jurídica corresponde exclusivamente al juez o árbitro.

Ejemplos de Sanciones por Incumplimiento

EL INCUMPLIMIENTO DE los principios éticos puede tener consecuencias graves. La negligencia técnica, como la falta de rigor metodológico, omisión de pruebas necesarias o dictámenes mal fundamentados, puede resultar en la exclusión del dictamen, sanciones procesales y la baja definitiva del padrón de peritos.

Emitir resultados manipulados, alterar conclusiones o declarar hechos no verificados constituye falsedad en declaración. Según el artículo 247 del Código Penal Federal (CPF), esto puede ser sancionado con hasta seis años de prisión y multa correspondiente.

La ruptura de la cadena de custodia, ya sea por pérdida, alteración o manejo indebido de muestras físicas o digitales, puede derivar en la nulidad de la prueba, sanciones administrativas y posible responsabilidad civil.

Omitir la declaración de un conflicto de interés, como una relación económica, laboral o personal con alguna de las partes, puede conllevar la inhabilitación permanente como perito y sanciones éticas y administrativas adicionales.

Habilidades Blandas Indispensables para el Perito

LA EXCELENCIA EN LA labor pericial depende también de las habilidades blandas que el profesional desarrolle. Es fundamental que el perito logre transformar el lenguaje técnico en explicaciones comprensibles para quienes carecen de formación científica. Por ejemplo, explicar la fragilización por temple como "una cristalización frágil en la soldadura que la hace quebrarse con facilidad" facilita la comprensión de los hallazgos.

El manejo del contrainterrogatorio exige responder con firmeza y sin evasivas, evitando el exceso de tecnicismo que pueda interpretarse como arrogancia o evasión. La regla es ofrecer precisión sin exceso de detalle.

El control emocional es clave para mantener la serenidad ante preguntas hostiles o intentos de desestabilización. Esta calma refuerza la credibilidad del perito y la fuerza probatoria de su dictamen.

Para facilitar la comprensión de los aspectos técnicos, el perito debe emplear analogías, esquemas visuales, imágenes metalográficas y ejemplos cotidianos. Por ejemplo, comparar una microgrieta con "una rajadura microscópica similar a la que aparece en un parabrisas cuando se expone a cambios bruscos de temperatura" resulta útil para ilustrar fenómenos complejos.

La ética profesional implica coherencia entre lo que se declara en audiencia, lo que se documenta en el dictamen y lo que se defendió en laboratorio. Esta congruencia es la mejor defensa frente al escrutinio judicial.

Reflexión Final

EN JUICIO, EL PERITO es un testigo científico con responsabilidad ética ampliada. La fortaleza de su dictamen no solo reside en los ensayos metalúrgicos o en la cita de normas internacionales, sino en su honestidad intelectual, transparencia metodológica y claridad expositiva. El cumplimiento de buenas prácticas éticas convierte al perito en un referente confiable ante el tribunal, mientras que el incumplimiento puede derivar en la destrucción de la prueba, sanciones penales y la pérdida definitiva de su investidura profesional.

Preguntas Clave del Contrainterrogatorio: Foco en la Metodología

EL CONTRAINTERROGATORIO constituye la piedra angular del principio de contradicción en los juicios orales, ya que tiene como propósito someter a prueba la admisibilidad, validez metodológica e imparcialidad del perito. Por medio de preguntas dirigidas, se busca identificar inconsistencias y, en caso de hallarlas, debilitar la credibilidad del experto. En los asuntos científicos, la metodología aplicada es el principal campo de debate, pues es ahí donde se determina si el dictamen presentado es fiable, reproducible y objetivo.

Metodología y Cientificidad

EL PRIMER OBJETIVO del contrainterrogatorio es comprobar que el perito ha actuado con rigor científico. Para ello, se ponen a prueba los conocidos criterios Daubert: relevancia, fiabilidad, reproducibilidad, error conocido y aceptación general. Las preguntas suelen orientarse a identificar la norma específica (por ejemplo, ASTM, ASME, API) utilizada para seleccionar los ensayos y técnicas de análisis, a confirmar que la metodología puede ser replicada por otro laboratorio acreditado bajo ISO/IEC 17025, a verificar la existencia de referencias científicas que respalden el método empleado, así como a determinar el margen de error de las técnicas y la forma en que fue calculado. Adicionalmente, se cuestiona si se realizaron ensayos de validación, control o duplicación para confirmar los resultados obtenidos. El objetivo jurídico es detectar metodologías improvisadas, falta de sustento normativo o ausencia de reproducibilidad, situaciones que pueden llevar a la exclusión o debilitamiento de la prueba.

Cadena de Custodia

LA CADENA DE CUSTODIA representa el eslabón procesal que salvaguarda la integridad de la evidencia. Una falla en este aspecto puede anular la totalidad del dictamen presentado. En el contrainterrogatorio se pregunta cómo asegura el perito que las muestras físicas corresponden realmente al componente involucrado en el siniestro, qué medidas adoptó para preservar la integridad de datos digitales (como logs de operación, registros de sensores o micrografías), y si utilizó herramientas de verificación como hash digital o bitácoras firmadas electrónicamente. También se solicita la exhibición de los formatos de entrega-recepción y el sellado de evidencias. El objetivo es detectar rupturas en la custodia, ausencia de protocolos o manipulación indebida de evidencia.

Nexo Causal

OTRO FRENTE DE ATAQUE del contrainterrogatorio busca debilitar la conexión causal entre el hallazgo técnico y la hipótesis del siniestro. Se interroga al perito para que precise si sus conclusiones descartan, técnica y científicamente, cualquier otra causa posible de falla, y se le solicita fundamentar el grado de certeza alcanzado (posibilidad, probabilidad o certeza razonable). Asimismo, se explora si consideró factores alternativos (corrosión, fatiga, errores de operación o condiciones externas) y qué evidencia objetiva respalda que la causa identificada es, en realidad, el factor determinante del siniestro. El objetivo jurídico es demostrar que el perito no eliminó hipótesis alternativas, debilitando así la fuerza probatoria de su conclusión.

Imparcialidad

LA INDEPENDENCIA DEL perito constituye la base de su autoridad ante el tribunal. Por este motivo, cualquier conflicto de interés puede desacreditar completamente su dictamen. En este apartado, las preguntas buscan aclarar si el perito tiene o ha tenido alguna relación contractual, económica o profesional con la parte que lo propuso, si ha emitido dictámenes anteriores en beneficio o perjuicio de la misma empresa o institución, si recibió compensaciones adicionales fuera de los honorarios autorizados por el tribunal y si puede asegurar que su independencia de criterio se mantiene intacta en el proceso. El propósito jurídico es poner en evidencia posibles sesgos, dependencias económicas o conflictos de interés ocultos.

En suma, el contrainterrogatorio en materia pericial es, en esencia, un juicio a la metodología: lo que se cuestiona no es la persona del perito, sino la fiabilidad de su ciencia y la pureza de su independencia. Si el perito demuestra dominio de la norma, de la cadena de custodia y de la causalidad técnica, su dictamen resulta fortalecido. Por el contrario, si titubea respecto a la reproducibilidad, el control de la evidencia o su imparcialidad, la prueba puede ser anulada o severamente debilitada.

Checklist de Contrainterrogatorio al Perito (Foco en la Metodología)

Eje Temático	Pregunta Clave	Objetivo Jurídico-Científico	Riesgo Procesal para el Perito
Metodología y Cientificidad	¿Qué norma específica (ASTM, ASME, API) aplicó para seleccionar los ensayos?	Verificar sustento normativo y científico del análisis.	Si no se cita norma válida → dictamen vulnerable pcr falta de fiabilidad.
Metodología y Cientificidad	¿Puede afirmar que su metodología es replicable por otro laboratorio acreditado bajo ISO/IEC 17025?	Medir reproducibilidad conforme a criterios Daubert.	Si no hay replicabilidad → dictamen susceptible de exclusión.
Metodología y Cientificidad	¿Cuál es el margen de error y cómo lo calculó?	Establecer validez cuantitativa.	Ausencia de control de error → cuestionamiento de rigor científico.
Metodología y Cientificidad	¿Existen publicaciones científicas que respalden el método?	Acreditar aceptación general en la comunidad científica.	Método ad hoc → riesgo de nulidad de la prueba.
Cadena de Custodia	¿Cómo garantiza que las muestras corresponden al equipo analizado?	Confirmar trazabilidad física.	Ruptura de cadena → nulidad de la evidencia.
Cadena de Custodia	¿Qué medidas adoptó para proteger la integridad de datos digitales (logs, micrografías)?	Asegurar preservación digital conforme ISO/IEC 27037.	Falta de controles → invalidez de evidencia digital.
Cadena de Custodia	¿Utilizó hash u otro mecanismo de autenticidad?	Verificar protocolos de seguridad informática.	Sin controles técnicos → sospecha de manipulación.
Nexo Causal	¿Descartó toda otra causa técnica de la falla?	Evaluar exhaustividad del análisis.	Omisión de hipótesis → dictamen parcial.
Nexo Causal	¿Su conclusión es posibilidad, probabilidad o certeza razonable?	Forzar precisión en el estándar de prueba.	Conclusiones vagas → pérdida de peso probatorio.
Nexo Causal	¿Consideró factores alternativos (fatiga, corrosión, operación)?	Medir amplitud del análisis causal.	Exclusión de variables → debilitamiento en valoración judicial.

Imparcialidad	¿Ha tenido relación contractual o económica con alguna de las partes?	Identificar conflictos de interés.	Sesgo probado → exclusión del perito.
Imparcialidad	¿Recibió compensaciones distintas a sus honorarios procesales?	Detectar influencias indebidas.	Pago indebido → sanción e inhabilitación.
Imparcialidad	¿Puede afirmar su independencia total en este proceso?	Consolidar imparcialidad.	Duda sobre independencia → descrédito de la prueba.

Capítulo III. El perito en el sistema acusatorio

El perito en el sistema acusatorio

En el proceso penal acusatorio mexicano, el perito actúa como una fuente de conocimiento experto esencial, que auxilia al juzgador cuando los hechos litigiosos superan el saber común. Su dictamen no reemplaza el juicio del tribunal, el cual decide bajo principios de publicidad, contradicción, continuidad e inmediación; más bien, el perito aporta elementos de convicción verificables que el juez somete a sana crítica. La Constitución establece que el proceso debe ser acusatorio y oral, lo que implica que la pericia sea expuesta, explicada y controvertida de viva voz durante la audiencia.

Desde la perspectiva procesal, la prueba pericial es un medio de prueba autónomo, similar a la testimonial, documental y material. Su ofrecimiento procede cuando es necesario utilizar conocimientos especializados para examinar personas, objetos o circunstancias relevantes en el proceso. El Código Nacional de Procedimientos Penales (CNPP) reconoce y regula expresamente la prueba pericial y su producción en juicio, mientras que el interrogatorio y contrainterrogatorio de testigos y peritos se lleva a cabo bajo reglas de inmediación y participación directa de las partes. Esto reafirma la naturaleza "híbrida" del perito, quien funge como auxiliar técnico y testigo experto en el acto oral.

En el ámbito civil y familiar, el Código Nacional de Procedimientos Civiles y Familiares (CNPCF) exige la presencia del perito —incluyendo al tercero en discordia— para explicar oralmente sus conclusiones y responder preguntas en audiencia. Esto refuerza que el dictamen técnico debe ser defendido en estrados y no limitarse a una lectura.

A nivel doctrinal y judicial, la Suprema Corte ha destacado que una valoración racional de la prueba pericial requiere comprender el método y los fundamentos expuestos en audiencia, lo que hace indispensable la exposición clara, la trazabilidad y la contradicción efectiva. El tribunal, por lo tanto, escucha la ciencia, la analiza y decide; de ahí el dicho que "el juez es el perito de peritos".

Distinción entre Perito Oficial, de Parte y Tercero en Discordia

EN EL CONTEXTO DEL sistema penal acusatorio mexicano, la figura del perito adquiere distintas modalidades, determinadas por el origen de su nombramiento y la función procesal que desempeña. Esta diferenciación es de suma importancia, ya que responde a la necesidad de asegurar principios fundamentales como la igualdad de armas, la contradicción y el debido proceso, los cuales constituyen pilares esenciales en la impartición de justicia oral en México.

1. Perito Oficial

EL PERITO OFICIAL ES designado directamente por la autoridad, ya sea el órgano jurisdiccional o el Ministerio Público, durante la etapa de investigación o bien en el juicio. Su nombramiento le otorga una presunción de imparcialidad, pues no proviene de ninguna de las partes en litigio, sino de la autoridad encargada de tutelar el proceso. Sin embargo, esta presunción no es absoluta; el perito oficial debe sustentar su labor en la validez científica de su metodología, ajustándose a normas reconocidas, tales como ASTM, ASME, API o ISO, que son ampliamente aceptadas en la comunidad técnica y científica.

Procesalmente, el dictamen presentado por el perito oficial es recibido por el tribunal bajo la expectativa de neutralidad. No obstante, la fuerza probatoria de este dictamen depende de la exposición y defensa que el propio perito realice durante la audiencia, etapa en la que su opinión será sujeta a contradicción y contrainterrogatorio por parte de los intervinientes.

2. Perito de Parte

EL PERITO DE PARTE es aquel propuesto por las partes procesales, como pueden ser la defensa, la víctima o el ofendido. Su función central es aportar una visión técnica que respalde la teoría del caso de la parte que lo presenta, garantizando así la igualdad de armas frente al dictamen oficial. A través de su análisis, el perito de parte puede confirmar, complementar o refutar las conclusiones del perito oficial, lo cual enriquece el debate técnico-científico en el proceso.

Desde el punto de vista procesal, el perito de parte fortalece el derecho de defensa y el principio de contradicción, permitiendo que se confronten distintas interpretaciones científicas respecto a los hechos controvertidos. Aunque su imparcialidad podría ser cuestionada dada su procedencia, lo esencial en su intervención es la solidez técnica y la reproducibilidad de sus métodos y conclusiones.

3. Tercero en Discordia

LA FIGURA DEL TERCERO en discordia se activa cuando existe una discrepancia sustancial entre el dictamen del perito oficial y el del perito de parte. Este perito, nombrado por el tribunal, cumple la función de instancia técnica dirimente, es decir, su objetivo es resolver la controversia científica surgida entre los dictámenes previos.

Aunque el dictamen del tercero en discordia no sustituye la decisión judicial definitiva, sí se convierte en un referente de equilibrio dentro del debate técnico, permitiendo disipar dudas técnicas que podrían afectar la convicción del juzgador. Así, se refuerza la legitimidad del procedimiento, al garantizar que ninguna de las partes quede en desventaja ante la falta de consenso pericial.

Importancia de la Clasificación

LA EXISTENCIA DE LAS figuras de perito oficial, perito de parte y tercero en discordia asegura una contradicción plena, ya que cada parte tiene el derecho de presentar su propia versión técnica de los hechos. Esto fomenta la pluralidad metodológica, permitiendo que diferentes enfoques científicos sean considerados y enriqueciendo así el debate en el proceso. Además, se garantiza el equilibrio procesal, pues la intervención del tercero en discordia previene que la opinión de un solo perito prevalezca de manera unilateral.

En suma, la clasificación de los peritos en oficial, de parte y tercero en discordia fortalece el sistema acusatorio mexicano al propiciar que la prueba científica sea sometida a contradicción, pluralidad y control judicial. Así, la verdad procesal se construye a partir del debate técnico-científico en audiencia, donde cada perito debe responder con rigor metodológico, transparencia e imparcialidad, contribuyendo al esclarecimiento de los hechos y a la correcta administración de justicia.

REQUISITOS.

Legales (habilitación y designación)

PARA PARTICIPAR COMO perito, es imprescindible estar inscrito en el padrón oficial de peritos (el CJF para el fuero federal o el tribunal local correspondiente), cumpliendo con convocatorias, requisitos de idoneidad y documentación probatoria de experiencia y honorabilidad. La Unidad de Peritos Judiciales del CJF publica las bases y listas oficiales cada año. Además, el CNPP regula el ofrecimiento, admisión y desahogo de la prueba pericial, así como el interrogatorio y contrainterrogatorio de los peritos en juicio.

Normativos (método y trazabilidad)

EL PERITO DEBE FUNDAMENTAR su investigación en una metodología científica reconocida, empleando prácticas y estándares aceptados internacionalmente, como ASTM E2332 para investigación y análisis de fallas de componentes, complementado por normas ASME, API o ISO según el caso (por ejemplo, API 579-1/ASME FFS-1 para determinar aptitud para servicio). Esto garantiza la replicabilidad —preferentemente en laboratorios acreditados bajo ISO/IEC 17025— y la evaluación del error. Asimismo, la cadena de custodia, definida por el CNPP en su artículo 227, debe asegurar el control y registro íntegro de los indicios desde su localización hasta su conclusión por la autoridad competente; cualquier ruptura afecta la admisibilidad y fuerza probatoria de la evidencia.

Éticos (independencia y honestidad intelectual)

EL PERITO DEBE DECLARAR cualquier relación que comprometa su independencia y actuar con transparencia metodológica, citando normas, describiendo los límites del estudio y la incertidumbre presente. Es fundamental el deber de claridad: comunicar sin tecnicismos innecesarios, ya que la ciencia solo vale lo que puede explicarse y defenderse en audiencia bajo contradicción. Estas exigencias éticas operan como garantía de fiabilidad en la valoración judicial.

Estándar de fiabilidad: método, replicabilidad y contradicción

EL CRITERIO CENTRAL para la admisibilidad de la pericia es su fiabilidad, que se sustenta en un método validado, ejecución controlada y resultados reproducibles. El tribunal evaluará si el método está reconocido por la comunidad científica y técnica (normas técnicas o literatura especializada), si se documentó la calibración, la incertidumbre y los controles necesarios, si la cadena de custodia preservó la identidad e integridad del material probatorio, y si el perito defendió oralmente su trabajo bajo interrogatorio y contrainterrogatorio conforme a las reglas del CNPP.

Papel del perito a lo largo del procedimiento

1. Nombramiento y verificación de idoneidad: El perito debe contar con acreditación vigente en el padrón y aceptar el encargo sin impedimentos.
2. Plan pericial y recolección: Definir hipótesis, plan de muestreo, controles y bitácoras, fundamentando todo en normas reconocidas como ASTM E2332.
3. Custodia y preservación: Implementar formatos de transferencia, sellos, registros, y para datos digitales, asegurar la integridad mediante hash o mecanismos equivalentes, siguiendo la cadena de custodia del artículo 227 del CNPP.
4. Ensayos y análisis: Realizar los procedimientos conforme a estándares, reportando incertidumbre y criterios de aceptación establecidos por ASME, API, ASTM, o ISO según corresponda.
5. Dictamen técnico: Presentar un informe claro y trazable, con citas normativas y límites explícitos; anexar documentos de cadena de custodia, fotografías, tablas y currículum vitae. Estas buenas prácticas están recogidas en las guías de la SCJN para la valoración racional de la prueba.
6. Audiencia de juicio: Exponer los resultados de manera didáctica y someterse al interrogatorio y contrainterrogatorio directo por las partes, con el juez garantizando el orden y la legalidad

del debate.

Consecuencias procesales de un desempeño deficiente

- Defecto en cadena de custodia: Riesgo de nulidad o exclusión de la evidencia asociada.
- Método no reconocido o no reproducible: Disminución sustancial del peso convictivo, posible exclusión por falta de fiabilidad.
- Falta de acreditación o impedimento no revelado: Se pone en duda la idoneidad del perito y puede conducir a su separación del padrón o a la desestimación del dictamen.

Síntesis para estrados

- Llega habilitado (padrón vigente) y se mantiene independiente.
- Trabaja con método (normas reconocidas, controles, incertidumbre).
- Protege la evidencia (cadena íntegra de principio a fin).
- Expone y defiende su dictamen con claridad bajo contradicción.
- Sabe que la última palabra corresponde al juez, quien decide conforme al artículo 20 constitucional y la valoración racional de la prueba.

Responsabilidades legales y sanciones

EL PERITO RESPONDE en tres planos distintos:

- Responsabilidad civil: Está obligado a reparar daños derivados de negligencia o de un dictamen falso.
- Responsabilidad penal: Puede ser sancionado por delitos como falsedad en declaraciones, alteración de pruebas o incumplimiento doloso de sus deberes (arts. 247 y 248 del Código Penal Federal).
- Responsabilidad administrativa y ética: Los tribunales o colegios profesionales pueden imponer sanciones que incluyen la suspensión del registro como perito.

Capítulo IV. La Cientificidad del Dictamen y la Metodología de Pruebas

El perito en el sistema acusatorio: Alcance y función técnico-científica

EN EL AMBITO PERICIAL SE DUDA DE QUE ALGUIEN SEA PERITO, HASTA CONFIRMARLO O EVIDENCIAR QUE NO LO ES.

Naturaleza y límites de la intervención pericial

EN EL SISTEMA PENAL acusatorio, la labor del perito no se orienta hacia el descubrimiento absoluto de la verdad, sino hacia la resolución de cuestiones técnicas o científicas que surgen durante el litigio. El perito actúa como auxiliar especializado, delimitando su intervención al ámbito de conocimiento en el que posee acreditación profesional. Su papel se circunscribe a responder los planteamientos concretos que le sean formulados, evitando excederse en afirmaciones no solicitadas. Además, debe aportar análisis verificables, fundamentando su dictamen en datos, ensayos y metodologías científicas reconocidas. El estándar de su actuación se mide por la reproducibilidad y trazabilidad de los resultados, no por la búsqueda de una verdad absoluta. Es fundamental que el perito respete el principio de contradicción, permitiendo que su dictamen sea debatido y sometido a contrainterrogatorio. En este contexto, el concepto de "verdad" se reemplaza por el de confiabilidad metodológica; el perito no establece verdades, sino que presenta resultados objetivos y abiertos al escrutinio.

Perspectiva epistemológica: escepticismo científico

LA LABOR PERICIAL SE basa en una postura escéptica del conocimiento, donde todo hallazgo es considerado provisional y sujeto a validación constante. El perito no tiene la responsabilidad de esclarecer en su totalidad los hechos históricos; esa tarea corresponde al juez. Su contribución consiste en brindar una explicación técnica parcial y limitada, fundamentada en la evidencia material o digital que analiza. El valor del dictamen del perito reside en la metodología aplicada, utilizando normas reconocidas como ASTM, ASME, API o ISO, y en la documentación de las incertidumbres y limitaciones detectadas. De esta manera, la pericia se concibe como un acto de ciencia aplicada al litigio, alejado de la reconstrucción completa de la verdad histórica.

Alcance jurídico de la función pericial

SEGÚN LO ESTABLECIDO en el artículo 20 de la Constitución y el Código Nacional de Procedimientos Penales (CNPP), la función del perito se configura como un medio de prueba autónomo dentro del proceso penal. El dictamen pericial adquiere valor procesal si fue ofrecido y admitido conforme a las reglas del CNPP, fue desahogado en audiencia bajo el principio de inmediación y está sustentado en una metodología válida y reproducible. Es importante destacar que el juez no está obligado a adoptar la opinión del perito; su criterio se basa en la consistencia interna del dictamen, la fiabilidad de los métodos empleados y la imparcialidad del experto.

Objetivos de la investigación pericial

LA MISIÓN DEL PERITO dentro del proceso penal se concreta en definir el alcance técnico del problema, aplicar protocolos científicos validados, exponer resultados claros y comprensibles, y reconocer las limitaciones y márgenes de error presentes en su análisis. El perito no determina la verdad judicial ni establece responsabilidad legal; su aporte consiste en resolver problemas técnicos específicos, manteniendo independencia respecto a la interpretación jurídica que realiza el juez.

Conclusiones sobre el rol del perito

EN SÍNTESIS, EL PERITO en el sistema acusatorio cumple la función de resolutor técnico-científico, y no la de buscador de verdades absolutas. Su legitimidad se fundamenta en la calidad metodológica de su trabajo, la claridad en la exposición de sus resultados y la transparencia al reconocer los límites de su intervención. La construcción de la verdad procesal se lleva a cabo en el ámbito judicial, mediante el contraste de pruebas y argumentos; el papel del perito es proveer insumos técnicos confiables para que el juez pueda valorar la evidencia conforme a la sana crítica.

Estándar de Cientificidad y Criterio Daubert en la Prueba Pericial

LA ADMISIÓN Y VALORACIÓN de la prueba pericial en juicio requiere el cumplimiento de criterios de cientificidad que aseguren la fiabilidad epistémica del dictamen. Aunque el sistema mexicano no adopta literalmente el Criterio Daubert —referencia clave en el derecho procesal estadounidense—, su lógica ha permeado los criterios jurisprudenciales y constitucionales nacionales, estableciendo la necesidad de que la prueba científica sea válida, confiable y sujeta a contradicción.

Fundamentación Constitucional y Procesal

LA BASE JURÍDICA DEL estándar de cientificidad se encuentra en la Constitución Política (artículo 20), que garantiza el debido proceso, la contradicción y la valoración racional de la prueba. El Código Nacional de Procedimientos Penales (CNPP) exige que las pruebas sean pertinentes, útiles y obtenidas conforme a metodologías confiables. Además, la jurisprudencia mexicana señala que la prueba científica debe acreditar solidez metodológica y confiabilidad suficiente para influir en la convicción judicial. Bajo este marco, el criterio de admisibilidad científica funciona como filtro necesario, obligando al juez a verificar que lo presentado no sea especulación, sino conocimiento técnico fundado.

Criterios Epistemológicos de Cientificidad

LA VALIDEZ DE UN DICTAMEN pericial depende de parámetros reconocidos por la epistemología de la ciencia y la práctica forense, tales como:

- Reproducibilidad: Los resultados deben ser replicables en otros laboratorios acreditados, siguiendo normas como ASTM e ISO/IEC 17025.
- Falsabilidad: El método empleado debe ser susceptible de refutación. Si una hipótesis no puede ser probada ni desmentida, carece de valor científico.
- Trazabilidad: Es indispensable documentar la cadena de custodia, la calibración de equipos y los márgenes de error de las técnicas utilizadas.

El Criterio Daubert

EL TEST DAUBERT ASIGNA a los jueces la función de guardianes de la puerta ("gatekeepers") al momento de admitir evidencia científica. Para ello, deben analizar cuatro elementos principales:

1. Replicabilidad: La técnica debe haber sido probada y ser susceptible de repetición. Por ejemplo, ensayos de dureza, fractomecánica o espectroscopía que arrojen resultados equivalentes en distintos laboratorios.
2. Tasa de Error Conocida: Es fundamental reportar el margen de error de cada técnica. En difracción de rayos X, por ejemplo, se consignan desviaciones estándar y limitaciones de resolución en el dictamen.
3. Revisión por Pares y Publicación: La metodología empleada debe haber sido sometida a revisión por pares o publicada en la literatura científica especializada, como sucede con simulaciones por Elemento Finito avaladas en revistas indexadas.
4. Aceptación General: El método debe contar con reconocimiento en la comunidad científica y técnica. Ejemplo de ello es la aceptación del API 579-1/ASME FFS-1 como estándar

internacional en análisis de integridad estructural.

Equivalentes en el Contexto Mexicano

AUNQUE EL SISTEMA MEXICANO no aplica de forma directa el criterio Daubert, existen puntos de convergencia, tales como:

- Principio de sana crítica racional: El juez pondera la prueba en función de la lógica, la ciencia y la experiencia.
- Artículos del CNPP sobre periciales: Se establece que los dictámenes deben basarse en conocimientos especializados y defenderse en audiencia pública.
- Jurisprudencia del Poder Judicial: La admisibilidad de la prueba científica depende de la validez y confiabilidad de la metodología empleada.

Así, el Criterio Daubert opera como una referencia comparada que refuerza el deber del perito mexicano de exponer no solo resultados, sino la validez epistémica del método utilizado.

El estándar de cientificidad y el Criterio Daubert constituyen un puente entre ciencia y derecho. Para que un dictamen pericial conserve valor probatorio, el perito debe demostrar:

- Que su método es replicable y validado internacionalmente.
- Que reconoce y reporta la tasa de error del procedimiento.
- Que su análisis se apoya en publicaciones y revisión por pares.
- Que cuenta con aceptación general en la comunidad técnica.

En última instancia, el juez decide la fuerza probatoria del dictamen, pero el perito debe estar preparado para defender la admisibilidad de su técnica, aportando un dictamen claro, metodológicamente sólido y científicamente legítimo.

Cadena de Custodia del Muestreo en Evidencia Física y Digital

LA CADENA DE CUSTODIA representa un principio fundamental para la validez de la prueba pericial en procesos judiciales. Este sistema, documentado y continuo, garantiza la identidad e integridad de los indicios recabados durante toda la investigación, desde su levantamiento, análisis y hasta su eventual presentación en juicio. En el ámbito de la metalurgia y la ingeniería forense, la cadena de custodia aplica tanto a muestras físicas —como cupones, cortes metalográficos o piezas fracturadas—, como a evidencia digital —registros operativos de PLC, datos SCADA y respaldos de software de diseño—.

Marco Normativo y Científico

LA CADENA DE CUSTODIA se encuentra respaldada por diversas normativas y estándares internacionales que refuerzan su aplicación:

- Código Nacional de Procedimientos Penales (CNPP, art. 227): Determina que la cadena de custodia consiste en el conjunto de actos dirigidos a preservar y registrar los indicios materiales, garantizando su autenticidad.
- ISO/IEC 27037:2012: Ofrece directrices para la identificación, recolección, adquisición y preservación de evidencia digital, asegurando su confiabilidad.
- ASTM E2332-18: Recomienda prácticas estandarizadas para la investigación y análisis de fallas físicas, incorporando la trazabilidad de muestras y datos.
- ISO/IEC 17025: Exige trazabilidad metrológica en laboratorios de ensayo, lo que refuerza la confiabilidad de los resultados obtenidos.

Elementos Clave de la Cadena de Custodia

LA CADENA DE CUSTODIA se estructura a través de tres elementos esenciales:

- Integridad: La preservación sin alteraciones es indispensable. En muestras físicas, esto implica el uso de sellos inviolables, almacenamiento controlado y documentación de cada transferencia. En evidencia digital se emplean mecanismos de hash (SHA-256, MD5) para certificar la autenticidad de archivos y respaldos.
- Trazabilidad: Cada acción que involucre la evidencia debe estar registrada con fecha, hora, lugar, identidad del responsable y motivo de la transferencia, asegurando que la evidencia corresponde al estado real del objeto o sistema.

- Documentación exhaustiva: Formularios, bitácoras y fotografías acompañan cada fase, permitiendo reconstruir retrospectivamente el proceso completo de preservación.
-

Importancia Jurídica

DURANTE EL JUICIO, la cadena de custodia cumple funciones críticas:

- Evita nulidad probatoria: Cualquier ruptura en la cadena genera sospecha de manipulación y puede llevar a la exclusión de la prueba.
- Asegura confiabilidad científica: Un análisis metalúrgico solo adquiere validez si se vincula inequívocamente con la pieza original.
- Fortalece la causalidad operacional: En evidencia digital, como logs de PLC o SCADA, la trazabilidad certifica que los datos reflejan el estado operativo al momento de la falla, permitiendo establecer nexos causales.

Ejemplo Práctico: Eje de Cardán Fallado en un Tractocamión

UN TRACTOCAMIÓN SUFRE una falla catastrófica en el eje de cardán, provocando un accidente. Se requiere un peritaje metalúrgico para determinar si la fractura fue causada por fatiga, defecto de fabricación o sobrecarga operacional.

Levantamiento y recolección

- Identificación del componente: Pieza: eje de cardán fracturado; Número de serie: [ID-12345]; Ubicación: patio de resguardo vehicular.
- Registro documental y fotográfico: Fotografías con escala y etiquetas, acta circunstanciada con hora, fecha y perito responsable.
- Sellado físico: Embalaje del eje en contenedor rígido con sello inviolable; registro del folio del sello en la bitácora.

Preservación de evidencia digital asociada

- Extracción de datos de ECU y sistemas SCADA: Logs de velocidad, torque y RPM en el momento del siniestro; parámetros de operación registrados en el PLC.
- Garantía de integridad digital: Generación de valores hash (SHA-256) de cada archivo; registro de fecha, hora y software empleado para la extracción.
- Custodia digital: Copias forenses almacenadas en medio WORM (Write Once Read Many); resguardo en bóveda digital con acceso restringido.

Transferencia y análisis

- Bitácoras de entrega-recepción: Transferencia del resguardo vehicular al laboratorio metalúrgico y del área de informática forense al perito analista.
- Ensayos metalúrgicos programados: Macrografía y micrografía del área de fractura, ensayos de dureza Rockwell y análisis fractomecánico (SEM/EDS) para caracterizar grietas por fatiga.
- Correlación con evidencia digital: Contraste de datos de torque y sobrecarga con la morfología de fractura para establecer causalidad operacional.

Presentación en dictamen

- El perito elabora un dictamen técnico-jurídico que incluye la descripción detallada de la cadena de custodia física y digital.
- Certificados de integridad digital (hashes).
- Fotografías del eje de cardán y cortes metalográficos.
- Resultados de ensayos conforme a ASTM/ISO.
- Conclusión técnica sobre el origen de la falla (fatiga por sobrecarga repetitiva).

LA CADENA DE CUSTODIA del muestreo constituye la columna vertebral de la validez probatoria. En el caso del eje de cardán, la preservación rigurosa tanto de la pieza física como de los datos digitales garantiza que el tribunal pueda valorar el dictamen metalúrgico como una prueba científica confiable, respetuosa de las normas internacionales y del marco jurídico nacional.

Grupo de Investigación: Integración y Funcionamiento en la Investigación Pericial

EN EL SISTEMA ACUSATORIO moderno, la investigación pericial rara vez es una tarea individual debido a la complejidad técnica que presentan muchos casos. Por ello, es frecuente la conformación de equipos colegiados en los que participan peritos, co-peritos y asesores especializados. Este modelo responde tanto a la exigencia jurídica de contar con pruebas científicamente confiables como a la necesidad operativa de integrar diversos saberes técnicos en la elaboración de un dictamen único y coherente.

Integración del Grupo de Investigación

- Perito Principal: Es el responsable formal ante la autoridad del dictamen emitido, garantiza la cadena de custodia, la congruencia metodológica y la unidad narrativa del informe. Además, representa al equipo en audiencia y responde interrogatorios y contrainterrogatorios.
- Co-peritos: Son especialistas en áreas técnicas específicas. Por ejemplo, en materia metalúrgica pueden intervenir expertos en soldadura (validando procesos y analizando zonas afectadas por calor), corrosión (realizando ensayos y estudios conforme a normas NACE), o polímeros/compuestos (determinando degradación termo-oxidativa en sellos o recubrimientos). Su labor consiste en elaborar capítulos técnicos bajo la supervisión del perito principal.
- Asesores Jurídicos: Interpretan el marco normativo y la jurisprudencia aplicable (ASME, API, ASTM, ISO, NOM, entre otros) y verifican que el dictamen esté redactado en lenguaje claro y cumpla los requisitos formales para su admisión en juicio.
- Asesores Técnicos de Apoyo: Se encargan de la simulación numérica y el modelado (por ejemplo, FEA con ANSYS/ABAQUS, termodinámica con JMatPro), procesamiento de imágenes y generación de anexos gráficos, así como del manejo estadístico, validación de incertidumbre y procesamiento de grandes volúmenes de datos.

Funcionamiento Operativo

1. Recepción y Términos de Referencia (TDR): El perito principal acepta los términos y distribuye las tareas entre los miembros del equipo.
2. Plan de Investigación Colegiado: Se asignan roles, se establece un cronograma y puntos de control para el desarrollo del trabajo.

3. Muestreo y Cadena de Custodia: El perito principal coordina el muestreo, que es ejecutado por los co-peritos según su área de especialidad, asegurando la preservación de la evidencia.
4. Análisis Interdisciplinario: Se realiza una triangulación metodológica, combinando distintos enfoques (metalografía, ensayos no destructivos, simulaciones) y validando resultados entre especialistas.
5. Redacción del Dictamen: Cada co-perito aporta las secciones técnicas que le corresponden; los asesores jurídicos revisan la coherencia normativa y el perito principal integra todo en un informe único.
6. Audiencia: El perito principal expone el dictamen y puede estar acompañado de los co-peritos para contestar preguntas específicas durante el contrainterrogatorio.

Ejemplo Metalúrgico

PARA ILUSTRAR LA DINÁMICA del grupo de investigación, se presenta el siguiente caso:

- Situación: Falla por fractura en un intercambiador de calor fabricado en acero inoxidable martensítico 410.
- Participantes y acciones:
- El perito principal coordina el caso, asegura la cadena de custodia y presenta el dictamen.
- El co-perito en soldadura determina el incumplimiento del WPS conforme a ASME IX y mide una dureza de 42 HRC en la zona afectada por calor.
- El co-perito en corrosión realiza ensayos electroquímicos y confirma corrosión bajo esfuerzos asociada a cloruros.
- El asesor técnico en simulación desarrolla un modelo de elementos finitos (ANSYS) que demuestra concentradores de esfuerzos en el cabezal.
- El asesor jurídico integra referencias normativas (ASME VIII, API 579, normas PEMEX) y asegura la congruencia con los requisitos procesales.

Resultado: El dictamen colegiado establece la relación causal entre parámetros de soldadura fuera de norma, ambiente corrosivo y deficiencias geométricas en el diseño, proporcionando al tribunal un análisis completo, metodológicamente sustentado y jurídicamente admisible.

El trabajo en grupo de investigación pericial permite abordar casos de alta complejidad técnica con rigor científico y jurídico. La colaboración entre perito, co-peritos y asesores garantiza profundidad técnica, coherencia normativa y dictámenes claros, trazables y defendibles en juicio. Este esquema asegura que la prueba pericial sea un medio de convicción sólido, respetando la cadena de custodia y sustentado en metodologías reproducibles y aceptadas por la comunidad científica.

Interacción con Medios y Confidencialidad en la Labor Pericial

EN LOS CASOS PERICIALES de alta exposición mediática, la actuación del perito debe regirse de manera estricta por la reserva y la confidencialidad. Estas conductas no solo protegen la integridad del proceso judicial, sino también la fiabilidad y validez de la prueba científica. El principio básico es que cualquier comunicación con los medios de información corresponde exclusivamente a la autoridad competente, como el juez, el Ministerio Público o, en su caso, un vocero autorizado. El perito, por tanto, se abstiene de proporcionar declaraciones o adelantar información sobre el caso en cuestión.

Fundamento Jurídico

EL MARCO LEGAL QUE sustenta la confidencialidad en la labor pericial se encuentra en diversos instrumentos normativos:

- Constitución Política (art. 20): Garantiza el derecho de las partes a un proceso público y contradictorio, pero también asegura el respeto a la dignidad y reputación de los involucrados.
- Código Nacional de Procedimientos Penales (CNPP): Otorga a la autoridad judicial la facultad de ordenar medidas de reserva o confidencialidad cuando la difusión de información pueda afectar el proceso o la imparcialidad del tribunal.
- Guía Nacional de Cadena de Custodia: Establece la obligación de preservar íntegra toda evidencia bajo resguardo, prohibiendo la filtración de imágenes, reportes preliminares y archivos digitales.

Principios de Confidencialidad en la Actuación Pericial

1. Reserva de información técnica: El perito no debe adelantar conclusiones ni divulgar datos parciales en entrevistas o foros públicos.
2. Protección de la cadena de custodia: La divulgación indebida de imágenes de fracturas, micrografías o datos de operación puede comprometer la integridad probatoria y dar lugar a objeciones de nulidad.
3. Neutralidad comunicativa: Toda interacción pública del perito fuera del tribunal se limita a confirmar su participación, sin emitir opiniones ni valoraciones sobre el caso.
4. Canal institucional: La única vía válida de comunicación externa es a través de la autoridad judicial o ministerial.

Riesgos Procesales de la Inobservancia

- Ruptura de la cadena de custodia mediática: La filtración de fotografías de evidencias, como muestras fracturadas, sin un registro formal puede conllevar la nulidad de la prueba.
- Afectación a la presunción de inocencia: Declaraciones anticipadas de un perito a medios de comunicación pueden vulnerar el derecho de defensa y derivar en sanciones procesales.
- Responsabilidad profesional y ética: El perito que compromete la confidencialidad puede ser removido del padrón judicial y enfrentar sanciones administrativas.

Ejemplo Metalúrgico

EN UN CASO REAL, UN accidente vial resulta en el colapso de un eje de cardán de un tractocamión, con consecuencias fatales. Durante la investigación, se toman muestras de la fractura y se obtienen registros digitales del sistema de control (ECU). Un medio local intenta entrevistar al perito en el sitio del siniestro para conocer las causas de la fractura.

- Actuación correcta: El perito se limita a indicar que su función es la toma de muestras bajo custodia judicial y que los resultados se informarán únicamente a la autoridad. Las micrografías de laboratorio y el análisis SEM/EDS permanecen resguardados bajo sellos digitales, sin difusión pública. La comunicación oficial sobre avances o conclusiones la emite solo el Ministerio Público, garantizando la validez futura del dictamen.

La interacción con medios y el manejo de la confidencialidad en la labor pericial constituyen garantías procesales y científicas esenciales. Estas prácticas:

- Protegen la integridad de la prueba y la cadena de custodia.
- Aseguran el derecho de las partes a un juicio justo.
- Reafirman la neutralidad del perito como testigo científico, evitando que adopte un papel de opinador público.

Así, el perito contribuye a que la verdad procesal se construya dentro del ámbito jurisdiccional, libre de injerencias externas o contaminación mediática.

Seguridad Industrial y Forense en la Práctica Pericial

LA LABOR PERICIAL DENTRO del ámbito metalúrgico, de fallas de materiales y de la ingeniería forense, exige mucho más que la simple aplicación de metodologías científicas y jurídicas. Implica la gestión integral de riesgos en escenarios industriales o accidentales, donde la preservación de la vida y la integridad física del perito son prioridades fundamentales. En este contexto, la seguridad industrial y la seguridad forense actúan como ejes complementarios: la primera orientada a la protección frente a riesgos laborales, y la segunda enfocada en el resguardo de la escena, la evidencia y las personas involucradas.

Fundamento Jurídico y Normativo

EL MARCO LEGAL Y NORMATIVO que regula la seguridad industrial y forense en la práctica pericial está conformado por disposiciones nacionales e internacionales. La Constitución Política de México, específicamente en su Artículo 123, garantiza condiciones de seguridad e higiene en el trabajo. El Código Nacional de Procedimientos Penales (CNPP) señala que las diligencias periciales deben desarrollarse bajo principios de legalidad y respeto a la integridad de las personas, asegurando la preservación de la cadena de custodia.

Las NOM-STPS mexicanas establecen requisitos específicos para diversas situaciones de riesgo, como trabajos en altura (NOM-009-STPS), exposición a agentes químicos contaminantes (NOM-010-STPS), ruido (NOM-011-STPS), radiaciones ionizantes (NOM-012-STPS) y equipo de protección personal (NOM-017-STPS). A nivel internacional, la OSHA ofrece referencia en procedimientos de seguridad para atmósferas explosivas, espacios confinados y control de radiación. Por su parte, las normas ISO/IEC 17020 y 17025 regulan la imparcialidad, competencia técnica y requisitos de seguridad en actividades de inspección y laboratorios.

Riesgos Relevantes en la Labor Pericial

Industriales

DURANTE LA LABOR PERICIAL pueden presentarse riesgos industriales como el trabajo en alturas (inspección de tanques, torres o grúas), la presencia de atmósferas explosivas (ATEX) por hidrocarburos, solventes o polvo metálico, la exposición a radiación ionizante (por gammagrafía industrial en soldaduras o residuos radiactivos), agentes químicos y corrosivos (ácidos, álcalis o productos de corrosión), y riesgos eléctricos y térmicos (peritajes en hornos, subestaciones y transformadores).

Forenses

EN ESCENARIOS FORENSES, los riesgos incluyen contacto con fluidos en accidentes con víctimas, exposición biológica durante autopsias técnicas, manejo de escenas con cadáveres o restos humanos que requieren equipo de protección especializado y estrictos protocolos de saneamiento. El control de acceso es fundamental, utilizando delimitación de áreas con cintas, resguardo policial y bitácoras para preservar la evidencia.

Protocolos de Actuación

Seguridad Industrial

LA SEGURIDAD INDUSTRIAL demanda la evaluación de riesgos equipo de protección personal (EPP)permisos de trabajo.

Seguridad Forense

EN EL ÁMBITO FORENSE, es esencial aplicar protocolos de bioseguridad.

Ejemplos Metalúrgicos y Periciales

Inspección de un tanque de almacenamiento de gas LP tras explosión parcial

EN ESTE CASO, EL RIESGO principal fue la atmósfera explosiva y el trabajo en altura. Se aplicaron medidas como el monitoreo de gases con explosímetro, ventilación forzada, uso de arneses con líneas de vida y permisos de entrada a espacios confinados, lo que permitió obtener de manera segura cupones metálicos para análisis metalográfico conforme a ASTM E3.

Falla de un intercambiador en planta química con fuga ácida

ANTE EL CONTACTO CON ácido clorhídrico y vapores corrosivos, se utilizaron trajes químicos nivel B, guantes de butilo y máscaras con cartuchos específicos. Estas acciones permitieron la recuperación de placas tubulares para análisis de corrosión bajo esfuerzos (SCC), manteniendo la cadena de custodia intacta.

Fractura de eje de cardán en accidente con víctimas

EN ESTE ESCENARIO, el riesgo fue la bioseguridad por contacto con fluidos humanos. El perito empleó traje de bioseguridad nivel II, guantes dobles, embalaje en bolsas impermeables y desinfección del área, logrando la recuperación de la pieza sin contaminación biológica y su posterior análisis por fractografía SEM.

La seguridad industrial y forense constituye un componente inseparable de la validez jurídica y científica de la prueba pericial. Garantiza la vida e integridad del perito, condición indispensable para el cumplimiento de su función, y asegura que la evidencia se obtenga sin alteraciones ni contaminaciones, reforzando la cadena de custodia. Además, brinda legitimidad al dictamen, al demostrar que la diligencia se desarrolló conforme a normas nacionales e internacionales. La conjunción de protocolos OSHA, NOM-STPS y CNPP asegura que la prueba pericial sea sólida tanto en el ámbito técnico como en el procesal.

Investigación de Laboratorio en la Prueba Pericial

LA INVESTIGACIÓN DE laboratorio representa el núcleo científico dentro del dictamen pericial en materia metalúrgica y de materiales. Esta fase permite transformar los indicios materiales en resultados objetivos y verificables. Dichos resultados, al ser articulados jurídicamente, adquieren validez probatoria. Además, todo el proceso se encuentra regulado por normas técnicas internacionales como ASTM, ISO, ASME, API y NACE, así como por el Código Nacional de Procedimientos Penales (CNPP), que exige que la prueba científica sea confiable, reproducible y sujeta a contradicción.

Marco Jurídico

EL MARCO JURÍDICO QUE rige la investigación de laboratorio en la prueba pericial está sustentado por varias disposiciones:

- Constitución Política (Art. 20): Garantiza el derecho a un juicio justo y a la presentación de pruebas científicas.
- CNPP (arts. 227 y ss.): Exige trazabilidad mediante la cadena de custodia y pertinencia metodológica en la obtención y análisis de evidencia.
- Jurisprudencia nacional e internacional: Establece que la prueba pericial científica solo adquiere valor cuando el método utilizado es confiable y reproducible, conforme a los criterios Daubert y su adaptación en México.
- ISO/IEC 17025: Regula la competencia técnica y el aseguramiento de la calidad en laboratorios de ensayo y calibración, garantizando validez y trazabilidad metrológica.

Áreas Científicas de la Investigación de Laboratorio

LA INVESTIGACIÓN DE laboratorio abarca diversas áreas científicas, cada una con objetivos y normas específicas:

Análisis Metalográfico

- Objetivo: Identificar microestructuras, tratamientos térmicos previos, defectos de fabricación o alteraciones por servicio.
- Normas aplicables: ASTM E3 (preparación metalográfica), ASTM E407 (ataques químicos), ASTM E112 (tamaño de grano).
- Valor jurídico: Permite demostrar si el material cumple con especificaciones contractuales o

normativas (ASME II, API 934), sirviendo como prueba de responsabilidad en casos de defectos de origen.

- Ejemplo pericial: En el caso de un eje de cardán fracturado, la observación de microgrietas en ferrita y carburos en el borde de grano sugiere fragilización por temple inadecuado.

Medición de Dureza

- Objetivo: Detectar gradientes de dureza asociados a tratamientos térmicos, esfuerzos de servicio o fallas en procedimientos de soldadura.
- Normas aplicables: ASTM E18 (Rockwell), ASTM E92 (Vickers), ASTM A370 (ensayos mecánicos).
- Valor jurídico: Demuestra cumplimiento o violación de límites normativos, como los establecidos por ASME B31.3 para dureza máxima en zonas afectadas por el calor de aceros al Cr-Mo.
- Ejemplo pericial: Durezas de 45 HRC en la zona afectada por el calor de un intercambiador en acero inoxidable 410 constituyen prueba técnica de fragilización por temple, vinculada al siniestro.

Ensayos de Corrosión Acelerada

- Objetivo: Evaluar la susceptibilidad de los materiales a fenómenos como picaduras, agrietamiento por cloruros o corrosión bajo esfuerzos.
- Normas aplicables: ASTM G48 (corrosión por picadura), ASTM G36 (SCC por cloruros), ASTM B117 (niebla salina).
- Valor jurídico: Permite correlacionar condiciones de servicio con fallas prematuras y determinar si existió incumplimiento de normas de diseño o selección de materiales (NACE MR0175/ISO 15156, MR0103).
- Ejemplo pericial: Un ensayo G36 revela fisuración intergranular por cloruros en tubos de un generador de vapor, confirmando incompatibilidad del material con la norma de servicio.

Estudios de Fractomecánica

- Objetivo: Caracterizar la morfología de fracturas e identificar mecanismos como fatiga, sobrecarga, corrosión bajo esfuerzos o fragilización por hidrógeno.
- Técnicas: Microscopía electrónica de barrido (SEM), microanálisis EDS, curvas de tenacidad a la fractura (ASTM E1820).

- Valor jurídico: Permite establecer el nexo causal directo entre el estado microestructural del material y el evento dañoso, aportando evidencia técnica concluyente en responsabilidad civil, penal o administrativa.
- Ejemplo pericial: Fractografía SEM en una viga colapsada muestra "striations" típicas de fatiga de bajo ciclo, descartando sobrecarga instantánea como causa principal.

Trazabilidad y Confidencialidad

PARA ASEGURAR LA VALIDEZ de los resultados obtenidos en laboratorio, cada ensayo debe cumplir rigurosamente con:

- Cadena de custodia: Incluye actas, etiquetas, sellos inviolables y registros fotográficos.
- Trazabilidad metrológica: Utilización de equipos calibrados, declaración de incertidumbre de medición y referencia a patrones nacionales o internacionales.
- Confidencialidad: Los resultados son resguardados en repositorios seguros hasta su presentación en juicio, protegiendo la integridad probatoria y la reputación de las partes.

La investigación de laboratorio es la etapa donde la evidencia material se convierte en dato científico verificable, lo que constituye la base indispensable para la fuerza probatoria del dictamen. Su valor jurídico reside en la combinación de métodos normalizados y reproducibles, resultados técnicamente claros y documentados, y el resguardo riguroso de la cadena de custodia. De este modo, los análisis metalográficos, de dureza, corrosión y fractomecánica no solo esclarecen los mecanismos de falla, sino que se consolidan como medios de prueba confiables, capaces de soportar contradicción en juicio y de influir legítimamente en la decisión judicial.

Investigación de Gabinete

LA INVESTIGACIÓN DE gabinete representa la fase analítica y documental que complementa de manera esencial los ensayos realizados en laboratorio. Mientras que los análisis experimentales proporcionan datos objetivos sobre la condición de los materiales evaluados, la investigación de gabinete se encarga de contextualizar esos resultados, compararlos frente a marcos normativos, jurisprudenciales y bibliográficos, y traducirlos en elementos probatorios válidos para procesos judiciales y técnicos.

Revisión de Códigos y Normas Internacionales

LA PRIMERA FUNCIÓN de la investigación de gabinete es contrastar los resultados obtenidos en laboratorio con las normas internacionales que dictan los criterios de diseño, fabricación, inspección y aceptación de materiales y componentes. Por ejemplo:

- ASME (American Society of Mechanical Engineers):
- Sección II: especificaciones de materiales.
- Sección VIII: diseño y construcción de recipientes sujetos a presión.
- Sección IX: calificación de procedimientos y soldadores.

API (American Petroleum Institute):

API 579-1/ASME FFS-1: metodología de aptitud para el servicio.

API 934: guías para selección de materiales en ambientes severos.

AWS (American Welding Society):

AWS D1.1/D1.6: soldadura estructural en acero y acero inoxidable.

El cotejo con estos estándares permite determinar si los procesos y materiales empleados cumplen con los criterios internacionales de seguridad e integridad.

Normatividad Nacional

EN EL ÁMBITO MEXICANO, la investigación de gabinete recurre a normas nacionales que regulan la seguridad industrial y el manejo de equipos críticos. Entre ellas destacan:

- NOM (Normas Oficiales Mexicanas, STPS y SEMARNAT): regulan condiciones de seguridad en procesos industriales y el manejo de sustancias peligrosas.

- NRF/ET PEMEX: especificaciones técnicas particulares para equipos utilizados en la industria petrolera nacional, como la NRF-028-PEMEX-2019 para recipientes sujetos a presión y la ET-090-PEMEX-2019 para soldaduras especiales.

La comparación entre normas internacionales y nacionales es fundamental para demostrar si existió algún incumplimiento contractual o técnico, lo cual puede tener consecuencias jurídicas directas en litigios relacionados con fallas de materiales.

Jurisprudencia Técnica y Responsabilidad

LA INVESTIGACIÓN DE gabinete también revisa la jurisprudencia relevante, tanto nacional como internacional, en materia de responsabilidad derivada de fallas en equipos industriales. Se analizan precedentes judiciales relacionados con omisión de mantenimiento, uso de materiales defectuosos o procedimientos de soldadura no calificados. Estos antecedentes fortalecen el dictamen pericial al integrar la interpretación legal de las normas técnicas y su aplicación a casos concretos.

Literatura Especializada

LA CONSULTA DE LITERATURA científica y técnica constituye un recurso adicional para validar los hallazgos. Entre las fuentes usuales se encuentran:

- ASM Handbook: referencia en metalurgia que documenta microestructuras, mecanismos de falla y propiedades de materiales.
- TEMA Standards (Tubular Exchanger Manufacturers Association): guías técnicas para diseño y mantenimiento de intercambiadores de calor.
- Otras normas y manuales especializados: como ISO, NACE MR0175/MR0103 y literatura académica sobre fractomecánica, corrosión y análisis numérico.

La integración de estas fuentes garantiza que las conclusiones del perito se sustenten en conocimiento validado y aceptado por la comunidad científica.

Sinergia entre Laboratorio y Gabinete

LA INVESTIGACIÓN DE laboratorio aporta datos técnicos —como micrografías, curvas de dureza, ensayos de corrosión y fractografías—, mientras que la investigación de gabinete traduce estos datos a un lenguaje normativo y jurídico. Esta sinergia permite determinar:

- La norma aplicable que fue incumplida.
- Los precedentes judiciales que reconocen dicho incumplimiento como causal de responsabilidad.
- La literatura científica que valida la interpretación del mecanismo de falla observado.

Ejemplo Metalúrgico

CASO: FALLA EN CABEZAL de intercambiador de calor de acero inoxidable martensítico 410

- Laboratorio: La fractografía SEM evidencia grietas intergranulares y la medición de dureza muestra valores de 44 HRC en la ZAC.
- Gabinete:
- ASME Sección IX establece límites de dureza que fueron excedidos.
- API 579-1 Nivel 2 indica pérdida de aptitud para el servicio por fragilización.
- NRF-028-PEMEX-2019 exige controles de dureza post-soldadura que no se realizaron.
- ASM Handbook documenta que la martensita no revenida en aceros inoxidables 410 favorece la fisuración bajo esfuerzos.

Síntesis: El gabinete integra evidencia técnica, normativa y científica para concluir que la falla se debió a un procedimiento de soldadura no conforme y al incumplimiento de normas contractuales, elementos fundamentales para la determinación de responsabilidad.

La investigación de gabinete es esencial para dotar al dictamen pericial metalúrgico de validez científica y jurídica, al enlazar los resultados de laboratorio con normas internacionales y nacionales, jurisprudencia relevante y literatura técnica especializada. Esta integración asegura que los hallazgos sean defendibles en contextos judiciales y técnicos, consolidando la ciencia y la documentación como base para una prueba pericial robusta.

Capítulo V. El Dictamen Pericial Metalúrgico

1. Estructura jurídica y técnica del dictamen

EL DICTAMEN PERICIAL metalúrgico constituye un documento técnico-jurídico que actúa como medio de prueba autónomo en el juicio oral. Para cumplir adecuadamente con su propósito, su estructura debe satisfacer tanto los requerimientos jurídicos como técnicos.

Desde la perspectiva jurídica, el dictamen debe apegarse a lo establecido en el Código Nacional de Procedimientos Penales (CNPP) y respetar los principios de publicidad, contradicción, inmediación, concentración y continuidad.

En el ámbito técnico, el dictamen debe garantizar criterios de cientificidad, como la reproducibilidad, objetividad y falsabilidad, además de cumplir con las normas de ingeniería aplicables, tales como ASME, ASTM, API y NMX.

Estructura recomendada del dictamen pericial metalúrgico

PARA QUE EL DICTAMEN pericial metalúrgico sea considerado completo y cumpla con los criterios técnicos y jurídicos exigidos, debe contener los siguientes apartados, cada uno desarrollado con claridad y cohesión:

1. Objetivo del dictamen pericial

- Alcance del dictamen: Precisa hasta dónde abarcan el análisis, la interpretación y las conclusiones del peritaje, delimitando el campo de acción.
- Propósito técnico-legal: Establece la finalidad del dictamen tanto en el aspecto técnico como en el marco jurídico en el que se presenta.
- Delimitación de responsabilidades periciales: Identifica las atribuciones y obligaciones asumidas por el perito en el desarrollo del dictamen.

2. Antecedentes

- Descripción general del caso: Resume los hechos relevantes que originan el dictamen.
- Relación de actores involucrados: Enumera las personas, entidades o partes implicadas en el caso.
- Cronología de hechos relevantes: Presenta una secuencia temporal organizada de los eventos

principales.

- Documentación y evidencias recibidas: Lista los documentos, pruebas y materiales analizados.

3. Planteamiento del problema e hipótesis

- Descripción del problema técnico: Expone el asunto que se investiga desde el punto de vista técnico.
- Definición de hipótesis periciales: Formula las hipótesis que orientan la investigación y el análisis.
- Posibles escenarios de falla o incumplimiento: Presenta las alternativas sobre las causas probables del problema.

4. Metodología y cientificidad del dictamen

- Metodología de análisis aplicada: Detalla los procedimientos y técnicas empleadas en el estudio.
- Normatividad técnica y jurídica de referencia: Identifica las normas y reglamentos consultados.
- Técnicas forenses e ingenieriles empleadas: Enumera los enfoques y herramientas utilizados.
- Procedimiento de validación y verificación: Explica cómo se comprobó la exactitud y confiabilidad de los resultados.
- Hallazgos detectados y violaciones normativas: Señala los resultados más relevantes y las posibles transgresiones normativas.

5. Materiales de estudio

- Documentos y reportes técnicos: Relación de los informes y documentos analizados.
- Planos, especificaciones y contratos: Lista de planos, especificaciones técnicas y contratos revisados.
- Fotografías y evidencias: Detalla los registros visuales y otras evidencias utilizadas.
- Normas aplicables (ASME, API, PEMEX, etc.): Enumera las normas que rigen el análisis.

6. Técnicas aplicadas

- Técnicas de inspección documental: Describe las estrategias utilizadas para revisar la documentación.
- Análisis normativo comparado: Explica el método de contraste entre distintas normas.
- Técnicas de verificación metalúrgica / soldadura: Expone los procedimientos utilizados para

analizar materiales y soldaduras.

- Análisis de pruebas destructivas y no destructivas: Indica los tipos de pruebas empleadas y sus resultados.

7. Sustento teórico y definiciones

- Definiciones de términos técnicos y jurídicos: Aclara los conceptos clave empleados en el dictamen.
- Fundamentos teóricos de ingeniería forense: Expone las bases teóricas que sustentan el análisis.
- Fundamento jurídico-normativo aplicable: Detalla el marco legal y normativo que respalda el dictamen.
- Interpretación de normas ASME, API, PEMEX, etc.: Analiza cómo se aplican e interpretan las normas relevantes.
- Software de diseño utilizado para los intercambiadores: Menciona los programas de diseño empleados en el estudio.
- Metalografía, microestructuras, fractografía y análisis de fallas: Presenta los estudios realizados sobre los materiales.
- Procedimiento de certificación de soldadura: Explica el proceso seguido para certificar las soldaduras implicadas.

8. Estudio y valoración

- Análisis de evidencias documentales y técnicas: Evalúa los elementos probatorios revisados.
- Confronta con normatividad aplicable: Contrasta las evidencias con las normas correspondientes.
- Detección de inconsistencias o incumplimientos: Señala las divergencias encontradas frente a lo normado.
- Valoración técnico-jurídica de las evidencias: Analiza el peso y relevancia de las pruebas.
- Análisis de consecuencias técnicas, legales y operativas: Expone los efectos derivados de los hallazgos.

9. Conclusiones

- Resumen de hallazgos: Sintetiza los resultados obtenidos.
- Determinación de cumplimiento/incumplimiento: Establece si las normas y requisitos fueron o no satisfechos.
- Delimitación de responsabilidades técnicas: Define quiénes son responsables desde el punto de

vista técnico.

- Opinión profesional de este perito: Expresa la valoración experta del perito sobre el caso.

10. Cuestionario de este perito

- Respuestas al cuestionario de la autoridad: Da contestación a los cuestionamientos planteados por la autoridad.
- Comentarios técnicos complementarios: Añade observaciones adicionales relevantes.

11. Cuestionario Contraparte

- Respuestas al cuestionario formulado por LA CONTRAPARTE: Atiende las preguntas de la parte actora.
- Aclaraciones técnicas sobre las respuestas: Explica y amplía las respuestas ofrecidas.
- Conclusiones inducidas por la parte actora: Señala las conclusiones particulares derivadas de la postura de LA CONTRAPARTE.

12. Anexos

2. Valoración Judicial y Criterios de Fiabilidad Científica

Marco General de la Valoración Judicial

EN EL SISTEMA JURÍDICO mexicano, la valoración de un dictamen pericial está regida por el principio de libre convicción lógica del juez. Esto implica que no existen reglas estrictas para la apreciación de la prueba, sino que se requiere un análisis racional y motivado de los elementos presentados. El juez no está en la obligación de aceptar el peritaje de manera automática; sin embargo, tampoco puede rechazarlo sin presentar una justificación suficiente. En este escenario, la fiabilidad científica del dictamen metalúrgico es el aspecto central que determina su valor probatorio.

El peso judicial del peritaje se basa en su capacidad de ser reconocido como prueba científica auténtica. Es esencial que el juez confíe en que el análisis realizado se ajusta a los estándares metodológicos y normativos que aseguran su validez.

Criterios de Fiabilidad Científica

a) Competencia del Perito

LA FIABILIDAD DE UN dictamen comienza con la idoneidad técnica del experto. El perito metalúrgico debe estar registrado oficialmente, ya sea en el Consejo de la Judicatura Federal (CJF) o en listas de tribunales locales. También debe contar con certificaciones de competencia reconocidas (SEP-CONOCER, ASNT, AWS, entre otras) y demostrar experiencia verificable en casos relacionados con fallas de materiales, soldaduras, corrosión y análisis forense. La falta de acreditación o experiencia documentada debilita considerablemente el valor del dictamen en juicio.

b) Calidad Metodológica

EL DICTAMEN DEBE EVIDENCIAR la aplicación de protocolos reproducibles y verificables. Esto implica:

- Aplicar normas técnicas reconocidas, como ASME VIII y IX, API 579, AWS D1.6 y TEMA Standards.
- Utilizar metodologías de muestreo y ensayos estandarizados, como ASTM E2332 para análisis de fallas, ISO 6507 para pruebas de dureza y ASTM E3 para metalografía.
- Documentar de manera clara cada etapa del proceso de investigación.

La metodología debe presentarse como una cadena de custodia técnica, donde cada decisión y dato pueden ser auditados y replicados.

c) Consistencia Interna

UN DICTAMEN CONFIABLE debe mostrar una correlación directa entre las hipótesis iniciales, los resultados obtenidos en laboratorio y gabinete, y las conclusiones finales. Si existen contradicciones o inferencias sin soporte en la evidencia, la consistencia interna se pierde y la fiabilidad del dictamen queda comprometida.

d) Susceptibilidad de Refutación

SIGUIENDO LA PERSPECTIVA de Karl Popper, un dictamen científico debe ser falsable; es decir, debe permitir que otros expertos lo sometan a prueba mediante nuevos ensayos o interpretaciones normativas. La fiabilidad no implica que el dictamen sea incuestionable, sino que tenga la capacidad de resistir el escrutinio crítico. Por ello, un dictamen sólido es aquel que soporta el contrainterrogatorio de la contraparte y mantiene su coherencia frente a dictámenes divergentes.

Parámetros Judiciales de Ponderación

EN LA PRÁCTICA FORENSE, los jueces valoran los dictámenes metalúrgicos considerando criterios similares a los del estándar Daubert, originado en la jurisprudencia de Estados Unidos y cada vez más referenciado en México y América Latina. Estos criterios incluyen:

1. Revisabilidad científica: Verificar si los métodos aplicados pueden ser evaluados por otros expertos.
2. Publicación y aceptación: Considerar si las técnicas empleadas están reconocidas en la literatura especializada, como el ASM Handbook.
3. Margen de error conocido: Determinar si el perito declara la incertidumbre en sus mediciones, por ejemplo, en microdureza y espectrometría.
4. Aceptación general: Comprobar si las normas aplicadas son estándar en la comunidad científica e industrial.

Aunque estos parámetros no son obligatorios en México, ilustran cómo los jueces pueden evaluar la solidez técnica de un dictamen.

El Dictamen como Testimonio Científico en Juicio

EL DICTAMEN METALÚRGICO trasciende su forma escrita, ya que constituye la voz del experto ante el tribunal. Su valor depende de la capacidad del perito para:

- Explicar sus hallazgos de manera clara y comprensible para jueces y abogados.
- Defender la coherencia metodológica ante preguntas difíciles.
- Demostrar neutralidad científica y evitar parcialidad hacia alguna de las partes.

Un dictamen sólido mantiene su fuerza probatoria incluso en situaciones donde existen peritos en contradicción; en estos casos, las conclusiones deben prevalecer por la calidad científica y técnica del análisis, no por la retórica.

La valoración judicial y los criterios de fiabilidad científica son fundamentales para el éxito de un dictamen pericial metalúrgico en juicio. El juez otorga peso probatorio no solo por el prestigio del perito, sino por la solidez metodológica, la coherencia interna y la apertura al escrutinio. En última instancia, la ciencia metalúrgica al servicio del derecho transforma la complejidad técnica en certeza jurídica, brindando al tribunal herramientas confiables para resolver los hechos controvertidos.

3. Errores frecuentes en la práctica pericial y su impacto procesal

Deficiencias metodológicas

LAS DEFICIENCIAS METODOLÓGICAS se refieren a vacíos en el diseño de la investigación pericial. Estas pueden manifestarse al omitir ensayos necesarios, emplear técnicas que no están normadas, utilizar equipos sin calibración trazable o documentar de manera insuficiente los procesos de muestreo, preparación y análisis. La causa principal de estos errores suele ser la ausencia de un protocolo previo, como un QAPP, así como la presión de tiempo, confusión entre normas de producto y ensayo, o la extrapolación indebida de literatura ajena al caso.

El impacto procesal de estas deficiencias es significativo. Primero, se pierde la fiabilidad científica del dictamen, ya que puede percibirse como no reproducible. En segundo lugar, existe el riesgo de que el dictamen sea devaluado probatoriamente o incluso declarado nulo si el método empleado vulnera estándares reconocidos, permitiendo al juez restarle peso o excluirlo. Además, el dictamen se vuelve vulnerable durante el contrainterrogatorio, ya que la parte adversa puede argumentar que un método más adecuado habría arrojado resultados distintos.

Para prevenir estos errores, es fundamental contar con un plan de investigación normado, tomando como referencia prácticas reconocidas como ASTM E2332 para investigación de fallas y seleccionando explícitamente las normas de ensayo aplicables. Es recomendable utilizar un árbol de decisión de ensayos, donde para cada hipótesis se indique la prueba que la refuta o confirma y el umbral correspondiente. Asimismo, se deben asegurar la calibración y trazabilidad de los equipos, mantener certificados vigentes, documentar el número de serie, la incertidumbre expandida y las condiciones ambientales. Se requiere un registro exhaustivo de bitácoras, parámetros de microscopía, imágenes con metadatos y versiones de software. Finalmente, la revisión por pares, tanto interna como externa, mediante un checklist de integridad metodológica, es esencial antes de cerrar conclusiones.

Una redacción segura para este tipo de reportes sería: “Las conclusiones se sustentan en métodos reproducibles y normados (...); la incertidumbre asociada a X medición es ±Y, con trazabilidad a patrones SI.”

Ruptura de cadena de custodia

LA RUPTURA DE CADENA de custodia implica la pérdida de trazabilidad temporal, espacial o material de la evidencia, como muestras, cupones, piezas o medios electrónicos. Esto puede deberse a etiquetados defectuosos, embalaje inapropiado, accesos no autorizados o documentación incompleta.

Procesalmente, la ruptura de custodia genera una presunción de contaminación y una sospecha razonable sobre la posible alteración de la evidencia. Si no puede establecerse la continuidad y el control, la prueba material pierde eficacia o se declara inadmisible. Incluso un análisis técnicamente impecable pierde valor si lo analizado no es exactamente lo recolectado.

Para prevenir este riesgo, se recomienda implementar un etiquetado robusto y redundante, combinando códigos alfanuméricos únicos con códigos QR, etiquetas físicas y tarjetas internas, así como fotografías georreferenciadas al momento del levantamiento. Es indispensable el uso de cintas inviolables numeradas, registrar quién, cuándo y por qué se rompen y reponen sellos, y controlar la temperatura y humedad cuando corresponda. Una bitácora continua debe documentar la hora exacta, ubicación, responsable y razón de cada traslado, anexando recibos y la cadena firmada. Para archivos digitales, se recomienda crear una huella digital mediante hash criptográfico (por ejemplo, SHA-256) para fotografías, videos y resultados instrumentales, y utilizar una matriz de trazabilidad que relacione muestra, persona, tiempo, lugar y acción.

Una frase segura para documentar la cadena de custodia es: "Se preservó la cadena de custodia sin interrupciones, conforme a los formatos X-CC-01 a X-CC-04, con sellos inviolables #A123–A137 y bitácora firmada."

Conclusiones dogmáticas

LAS CONCLUSIONES DOGMÁTICAS son aquellas que se presentan como afirmaciones categóricas sin soporte empírico suficiente, sin cuantificación de incertidumbre ni transparencia en los supuestos y límites. Es la expresión del "porque sí" sin sustento científico.

El impacto procesal de este error radica en el debilitamiento de la credibilidad del dictamen, ya que el juez puede percibirlas como mera opinión y no como ciencia. Además, estas conclusiones suelen fallar ante criterios como Daubert o aceptación general, y se convierten en un blanco fácil durante el contrainterrogatorio. También abren la puerta a que un dictamen sólido de la contraparte exhiba las lagunas y desplace el propio informe.

Para evitar este problema, se debe estructurar cada conclusión bajo el esquema hipótesis-evidencia-inferencias, señalando los datos que la respaldan y los supuestos asumidos. Es importante cuantificar y citar las incertidumbres involucradas, como precisión de dureza, límites de detección, resoluciones de microscopía y sesgos de muestreo. También se deben explicar las alternativas descartadas y justificar por qué, así como recurrir a la verificación cruzada mediante ensayos complementarios o interlaboratorio cuando el caso lo requiera. El lenguaje debe ser calibrado, evitando términos absolutos y prefiriendo expresiones como "con alta probabilidad", "congruente con" o "incompatible con".

Una plantilla útil sería: "Con base en (pruebas A, B, C), y considerando (supuestos S1–S2), la hipótesis H1 es más consistente con la evidencia que H2/H3. Incertidumbre principal: U. Limitaciones: L."

Exceso de tecnicismos

EL EXCESO DE TECNICISMOS ocurre cuando la redacción es tan compleja que resulta impenetrable para el juzgador y erosiona la fuerza persuasiva del dictamen, aunque los datos sean correctos. Es ciencia sin traducción.

El principal impacto procesal es la falla comunicativa, que disminuye el peso probatorio del dictamen si el juez no logra entender la lógica de las conclusiones. Además, existe el riesgo de que la contraparte interprete la información técnica a su conveniencia.

Para prevenir este error, se recomienda emplear una doble capa de comunicación: un resumen ejecutivo de una o dos páginas que explique el problema, método, hallazgos clave y conclusión operacional, y un cuerpo técnico con datos, tablas, micrografías, espectros y cálculos. Es útil incluir un glosario y figuras didácticas, como diagramas y esquemas claros. Se deben privilegiar reglas de estilo como oraciones cortas, voz activa y una idea por párrafo, y someter el documento a una prueba de legibilidad mediante la revisión de un "abogado de prueba". Las analogías deben ser sobrias y precisas, sin perder rigor científico.

Una frase ejemplar sería: "En términos sencillos: el material falló por fragilización en la ZTA asociada a (...), lo que en las micrografías 12–15 se observa como (...). Los datos cuantitativos constan en el Anexo 3."

Confusión de rol

LA CONFUSIÓN DE ROL sucede cuando el perito excede su ámbito técnico y asume competencias del juez o autoridad, como calificar culpas, tipificar ilícitos, fijar indemnizaciones o interpretar cláusulas contractuales.

El impacto procesal de este error es la descalificación parcial del dictamen, ya que el juez puede excluir todo aquello que exceda el ámbito técnico. Además, se pierde la apariencia de imparcialidad y se facilita que la contraparte cuestione la idoneidad del perito.

Para evitarlo, es fundamental delimitar expresamente el mandato del perito, especificando el objetivo, alcance y preguntas periciales, e incluir una sección de "Asuntos fuera de mi competencia". El lenguaje debe ser acorde con la competencia técnica, por ejemplo, indicando "incumplimiento técnico a la norma X" en lugar de "negligencia" o "responsabilidad civil". Durante las audiencias, el perito debe remitir cualquier juicio de valor jurídico a la autoridad.

Un ejemplo de redacción segura es: "La soldadura no acredita conformidad con ASME IX, párrafo QW-... en lo relativo a (...)." En contraste, una frase riesgosa sería: "El fabricante fue negligente y debe responder por daños."

Controles transversales: cómo blindar el dictamen

PARA EVITAR LOS CINCO riesgos anteriores, es indispensable instaurar guardas de proceso como:

- Protocolo QAPP pericial: Debe elaborarse antes de manipular muestras e incluir objetivos, hipótesis, normas aplicables, plan de muestreo, ensayos, criterios de aceptación y rechazo, control de calidad, gestión de evidencias y custodia.
- Checklist de conformidad normativa: Referenciar normas como ASME, API 579/FFS, AWS, TEMA, ASTM/ISO, incluyendo edición y párrafos utilizados.
- ISO/IEC 17025 y metrología: Si el laboratorio no está acreditado, se debe documentar la trazabilidad, incertidumbre y controles internos.
- Revisión "red team": Un co-perito intenta refutar las conclusiones con la misma evidencia, fortaleciendo el dictamen en juicio.
- Plantillas y formularios estandarizados: Utilizar formatos específicos para el levantamiento y cadena de custodia, parámetros de preparación metalográfica, condiciones de ensayo y calibración, registro de micrografías con metadatos y control de cambios y versiones del dictamen.

Matriz práctica de riesgo pericial (RPN)

LA APLICACIÓN DE FMEA al proceso pericial es útil para auditoría interna. Para cada posible error, se evalúan la Severidad (S), Ocurrencia (O) y Detección (D) en una escala de 1 a 10, y se calcula el RPN (S×O×D). Los riesgos con mayor RPN deben priorizarse en la mitigación. Por ejemplo:

- Deficiencia metodológica grave: RPN 180, requiere revisión por pares y ensayo confirmatorio.
- Ruptura de custodia: RPN 210, exige doble sellado, custodia redundante y hash de archivos.
- Conclusión dogmática: RPN 160, requiere plantilla de hipótesis y cuantificación de incertidumbre.
- Exceso de tecnicismos: RPN 216, requiere resumen ejecutivo y glosario obligatorios.
- Confusión de rol: RPN 162, requiere cláusula de alcance y capacitación de testimonio.

Efectos procesales y estrategias de contención

EN CASO DE QUE YA HAYA ocurrido un vicio metodológico, es indispensable documentar las correcciones, repetir los ensayos críticos y delimitar el alcance afectado. Reconocer el error con prontitud ayuda a preservar la credibilidad. Si se comprometió la custodia, se debe declarar el incidente, explicar su irrelevancia técnica si aplica y ofrecer una prueba independiente corroborativa. Cuando el dictamen se percibe dogmático, es recomendable reescribir las conclusiones utilizando probabilidades, intervalos y escenarios alternativos. Si el juez no logra comprender el dictamen, se debe reordenar el documento, priorizando la explicación del qué y por qué, seguido del cómo detallado, y apoyarse en infografías claras. Finalmente, si la contraparte alega extralimitación, es fundamental señalar la cláusula de alcance y reconducir cada respuesta al plano técnico.

En síntesis, dentro de la forja probatoria, el método representa el temple, la custodia la escoria retirada y el lenguaje claro el pulido final. Un dictamen científicamente sólido y procesalmente pulcro no solo enuncia la verdad técnica, sino que la hace auditable, comprensible y defendible: ese es el metal que resiste el martillo del contrainterrogatorio.

4. Estrategias para la Preparación y Defensa del Dictamen en Audiencia

Revisión Forense del Dictamen: Del Papel al Estrado

EL PRIMER PASO PARA una defensa sólida en audiencia consiste en revisar exhaustivamente el dictamen pericial, asegurando la consistencia metodológica, la trazabilidad y la claridad probatoria. Es fundamental elaborar una ficha de control de una página y un paquete probatorio preparado específicamente para la audiencia.

El proceso inicia con una verificación cruzada entre hipótesis, evidencias y conclusiones. Se recomienda organizar una tabla de tres columnas, donde se registren las hipótesis planteadas, las evidencias que las respaldan (como ensayos, micrografías o certificados) y la conclusión derivada de cada una. Si alguna conclusión carece de evidencia directa o no puede inferirse explícitamente, debe corregirse o eliminarse, así como cualquier evidencia huérfana.

La revisión de normas citadas es igualmente necesaria. Es importante confirmar la edición y aplicabilidad de cada norma mencionada, como ASME VIII/IX, API 579/ASME FFS-1 (indicando el nivel de evaluación), así como AWS/TEMA y las normas ASTM/ISO relevantes. Cuando un párrafo o tabla sea fundamental para el razonamiento, debe incluirse el número específico como referencia.

En cuanto al muestreo y preparación, se deben confirmar las bitácoras de corte, pulido, ataque, magnificaciones y parámetros de microscopía. Los metadatos —objetivo, aumento, escala, ataque, lote— deben agregarse como pie de figura en cada imagen.

La calibración y trazabilidad requieren que los certificados de dureza, espectrometría o SEM estén vigentes, y que se incluyan los datos de incertidumbre e intervalos. Si el laboratorio no está acreditado bajo la norma 17025, se debe declarar la trazabilidad metrológica y los controles internos empleados.

La cadena de custodia debe estar completamente documentada, incluyendo el seguimiento de cada muestra desde el sello inicial, traslado, apertura y preparación, hasta el archivo fotográfico y el hash (SHA-256) de las imágenes y reportes digitales.

Es importante redactar un párrafo sobre limitaciones y falsabilidad, señalando explícitamente lo que los datos demuestran y lo que no puede afirmarse sin pruebas adicionales.

Por último, se recomienda elaborar un glosario y traducción de tecnicismos críticos (como ZTA, revenido, fragilización y FFS), proporcionando versiones en lenguaje sencillo para facilitar la comprensión en audiencia.

El resultado tangible de este proceso es tener una "cartulina mental" impecable, que permita responder rápidamente a cualquier cuestionamiento del juez con una figura, un dato o una norma, sin perder tiempo buscando en carpetas.

Preparación de Apoyos Visuales

LA EVIDENCIA DEBE TRANSFORMARSE en comprensión inmediata mediante apoyos visuales claros y efectivos. Se recomienda limitar el material a un máximo de 8 a 12 láminas, con versiones impresas en tamaño carta como respaldo.

La estructura sugerida para la presentación visual incluye:

- Una portada funcional, que indique el caso, rol, alcance pericial y normas base.
- Un mapa cronológico sencillo de hechos y flujo de muestras.
- Una explicación del método reproducible, con un árbol de decisión de ensayos por hipótesis y un resumen normativo.
- Evidencias clave, presentando fotos originales y anotadas, así como tablas de medición con promedios, desviaciones, incertidumbre y criterios normativos.
- Un cuadro comparativo de diagnóstico y alternativas descartadas, exponiendo la evidencia que respalda o debilita cada hipótesis.
- Una conclusión operativa que resuma los riesgos y las implicaciones para el equipo, operación o seguridad.
- Un apartado de limitaciones y propuestas de ensayos adicionales que aportarían mayor poder discriminante.

Las reglas de oro visuales incluyen presentar una sola idea por lámina, utilizar tipografías legibles y escalas visibles, mantener colores sobrios, y preparar una versión impresa numerada para contingencias técnicas.

Uso de Lenguaje Claro: Del Laboratorio a la Sala

UNO DE LOS OBJETIVOS principales es traducir la ciencia en términos comprensibles, sin sacrificar el rigor. Se deben emplear definiciones claras y analogías para conceptos clave como la "Zona Afectada por el Calor", la "fragilización por revenido" o la "fractura frágil", explicando en lenguaje llano qué significan y cómo se manifiestan.

Durante la audiencia, es útil emplear frases puente como: "Con su venia, Señoría, en términos sencillos...", "Puedo mostrarle en esta figura dónde se ve ese fenómeno." o "Esa conclusión se sostiene porque A + B + C → X; si B no existiera, mi conclusión sería distinta." De este modo, se facilita la comprensión del tribunal y las partes.

Simulación de Audiencia

LA PREPARACIÓN DEBE incluir ensayos cronometrados, simulando las condiciones reales de la audiencia. El guion sugerido abarca desde la presentación de credenciales y alcance, exposición del problema e hipótesis, explicación del método y normas aplicadas, presentación de la evidencia clave, exposición de conclusiones y alternativas descartadas, implicaciones operativas y de seguridad, hasta el cierre señalando lo que se demuestra y lo que aún requiere ensayos adicionales.

Se recomienda realizar dos rondas de ensayo con un "abogado interno" que interrumpa y formule preguntas hostiles, con el fin de ajustar el ritmo y fortalecer la capacidad de respuesta bajo presión.

Anticipación de Preguntas Hostiles

ANTICIPARSE A PREGUNTAS difíciles es clave para responder con seguridad y precisión. Es fundamental mantener un tono técnico, objetivo y no confrontativo. La matriz de contrainterrogatorio incluye respuestas para situaciones como cuestionamientos sobre la especialidad del perito, validez de mediciones, supuesta parcialidad, certeza absoluta, calidad del muestreo, existencia de literatura contradictoria, imputaciones de negligencia, autenticidad de micrografías, omisión de pruebas o cambios de opinión entre informes.

Las respuestas deben ser concisas y centradas en los datos, el método y la trazabilidad, dejando claro el alcance técnico y evitando emitir juicios jurídicos.

El "Kit de Audiencia"

EL PERITO DEBE ACUDIR a la audiencia con un conjunto de materiales imprescindibles: el dictamen final firmado y un resumen ejecutivo, anexos críticos impresos en tres juegos, la documentación completa de cadena de custodia (incluyendo fotos), certificados de calibración y bitácoras, equipo electrónico (USB, computadora, adaptadores) y la versión impresa del material de apoyo. En caso necesario, muestras o maquetas deben estar seguras y etiquetadas. También es importante llevar un cronómetro y un guion de términos claros con equivalencias entre lenguaje técnico y llano.

Micro-guiones y Fórmulas de Respuesta

PARA LA PRÁCTICA DE la dicción técnica en sala, es útil tener frases tipo que sirvan de puente didáctico, permitan retomar la explicación tras una interrupción, reconduzcan la respuesta al método y delimiten el rol técnico frente a juicios legales.

- "Primero el concepto, luego la prueba: ZTA es... En la Figura 4 se observa... y por eso concluimos..."
- "Para responder con precisión necesito terminar el vínculo dato-conclusión en una oración."
- "Mi conclusión no es una opinión: deriva de datos X y norma Y."
- "No emito calificaciones legales; técnicamente hay/no hay conformidad con..."

Ensayo Final con Cronómetro

LA VÍSPERA DE LA AUDIENCIA, se recomienda realizar un ensayo completo de 15 minutos, ajustando la exposición para dejar margen a las preguntas del tribunal. Posteriormente, se debe simular interrupciones hostiles cada 60–90 segundos, manteniendo el hilo y la cortesía. Finalmente, se sugiere una ronda de preguntas y respuestas de 10 minutos, utilizando la matriz de contrainterrogatorio.

Errores Comunes y Cómo Evitarlos

PARA EVITAR TROPIEZOS en audiencia, es esencial no saturar diapositivas, agregar cifras de incertidumbre a los resultados, justificar por qué se descartan alternativas, traducir tecnicismos y evitar emitir opiniones jurídicas, sustituyéndolas por dictámenes de conformidad técnica.

En la audiencia, la fuerza del dictamen reside en la claridad del método, la solidez de la cadena de custodia y la precisión de las conclusiones. El testimonio debe ser claro, conciso y verificable. Si la audiencia se torna desafiante, debe recordarse que el temple está en el procedimiento, el brillo en la cadena de custodia y el filo en la posibilidad de falsar la conclusión. Así, el dictamen no solo resiste el escrutinio, sino que disipa la duda con la exactitud de una micrografía bien anotada.

5. Ejemplo de interrogatorio y contrainterrogatorio

Interrogatorio directo: preguntas del oferente de la prueba

D1) ¿QUÉ ESTUDIOS REALIZÓ sobre el material?

El perito realizó una serie de análisis al material, incluyendo composición química mediante OES conforme a la norma ASTM E415, metalografía utilizando preparación ASTM E3 y ataque ASTM E407, medición de dureza por Rockwell según ASTM E18 y microdureza Vickers conforme a ASTM E384 e ISO 6507. Además, se efectuaron fractografías con SEM/EDS, registrando metadatos, aumentos y escalas, así como ensayos mecánicos cuando correspondía, siguiendo la norma ASTM A370 y una evaluación de aptitud para servicio (FFS) conforme a API 579/ASME FFS-1. Todos los equipos empleados contaban con calibración trazable al Sistema Internacional (SI) y control de incertidumbre.

En caso de requerir mayor detalle, el perito discrimina entre fragilización térmica y sobrecarga, utilizando un árbol de decisión que contempla la composición (ASTM E415), la observación de microconstituyentes y afectaciones en la zona térmicamente afectada (ZTA) mediante metalografía E3/E407, el mapeo de gradientes de dureza HAZ/metal base (E18/E384), el análisis fractográfico SEM para identificar marcadores específicos, curvas esfuerzo-deformación con A370 y evaluación de tolerabilidad de discontinuidades con API 579 Nivel 1–2. Todos los parámetros y metadatos se encuentran en el Anexo Técnico, con identificación de muestras y cadena de custodia.

D2) ¿Qué normas aplicó en sus pruebas?

Las pruebas se efectuaron bajo normas de ensayo como ASTM E415, E3, E407, E18, E384/ISO 6507 y A370. Para la conformidad técnica, se siguieron las normas ASME Sección VIII, Div. 1 para integridad en recipientes, ASME Sección IX para WPS/PQR y calificación de soldadores, API 579/ASME FFS-1 para aptitud para servicio, AWS y TEMA según el componente. En cada hallazgo se cita edición y párrafo aplicado.

D3) ¿Cuál fue la causa raíz de la falla detectada?

La causa raíz se determinó considerando la dureza HV10 248 ±6 en ZTA, la presencia de facetas de clivaje y river patterns en SEM, la microestructura martensítica revenida con precipitados en borde de grano y la inconformidad de WPS/PQR con ASME IX QW-*, todo lo cual señala una fragilización en ZTA por ciclo térmico inadecuado de soldadura, agravada por parámetros fuera de ventana. Se descartó sobrecarga monotónica por ausencia de estricción significativa y micro-void coalescence. La conclusión responde mejor a la evidencia que hipótesis alternativas. La principal limitación fue la ausencia de impacto Charpy por restricción de muestra, sin que esto altere el diagnóstico.

D4) ¿Cómo garantizó cadena de custodia y trazabilidad?

Cada muestra recibió un identificador único y sellos inviolables numerados, acompañado de registro fotográfico georreferenciado y bitácora de recepción, traslado, preparación, ensayo y archivo. Las imágenes y reportes digitales se entregan con hash SHA-256. No hubo aperturas no autorizadas, y todas las rupturas de sello se documentaron con fecha, hora y firma.

D5) ¿Cuál es la incertidumbre de sus mediciones?

Se reporta incertidumbre expandida (k=2) para dureza micro-Vickers ±(5–7) HV según rango, y para OES, conforme a curva de calibración y materiales de referencia certificados. Estas incertidumbres no modifican la clasificación de conformidad respecto al umbral normativo aplicado.

D6) ¿Limitaciones y alcances de su dictamen?

El dictamen no califica responsabilidades jurídicas, sino que determina conformidad técnica respecto de normas. Las conclusiones se circunscriben a las muestras identificadas y condiciones documentadas. Ensayos adicionales que aumentarían la certidumbre, si el tribunal lo estima pertinente, son impacto Charpy en ZTA y réplica metalográfica in situ.

Contrainterrogatorio: preguntas hostiles y respuestas técnicas

C1) ¿PODRÍA OTRO LABORATORIO obtener resultados distintos?

Los resultados analíticos obtenidos son reproducibles conforme a ASTM E415/E18/E384; las variaciones dentro de la incertidumbre no modifican la conclusión de conformidad respecto de ASME VIII/IX. Un laboratorio competente, aplicando el mismo método y trazabilidad, debería arribar a conclusiones equivalentes. Diferencias menores pueden surgir por preparación de superficie, condiciones de ataque o matrices de calibración, pero la repetibilidad e inter-laboratorio está en el rango declarado y no afecta la hipótesis prevalente.

C2) ¿No es cierto que existen métodos alternativos más confiables?

Si bien existen alternativas, los métodos empleados son estándar internacional para este propósito, maximizando objetividad y confiabilidad, y son aceptados por la comunidad técnica. La selección se fundamentó en poder discriminante y aceptación normativa; por ejemplo, OES (E415) supera en sensibilidad a XRF portátil para ciertos elementos, micro-Vickers (E384) es más informativo que

Rockwell en gradientes finos, y SEM es el gold standard para mecanismo de fractura. La matriz de decisión figura en el Anexo V.

C3) ¿Puede asegurar que la cadena de custodia nunca se rompió?

La cadena fue documentada en cada etapa mediante actas firmadas, sellos inviolables y bitácora continua, sin lapsos sin responsable. IDs M-01 a M-06, sellos A123–A128, aperturas registradas en F-CC-03 con fecha, hora, motivo y firma, fotografías antes y después, y hash de archivos integran la cronología completa.

C4) Su laboratorio no es ISO/IEC 17025; ¿sus resultados carecen de validez?

La validez metrológica se garantiza por trazabilidad, calibración y control de incertidumbre, no exclusivamente por acreditación. Los equipos están calibrados contra patrones SI, se emplearon materiales de referencia certificados y se reporta incertidumbre. El método es reproducible y auditado en los anexos.

C5) Usted eligió esas pruebas porque favorecen a quien lo contrata.

El plan de investigación se definió ex ante conforme a ASTM E2332 (investigación de fallas), a partir de hipótesis técnicas. Está fechado y firmado en el Anexo P, y las pruebas fueron seleccionadas por pertinencia técnica, no por resultado.

C6) Sus micrografías son interpretativas; otro experto podría "ver otra cosa".

Para evitar interpretaciones, se adjuntan archivos originales con metadatos y escalas, más réplicas de campo cuando aplica. Las características morfológicas están definidas en literatura y pueden reproducirse con el mismo ataque y magnificación.

C7) El cupón no es representativo del componente.

El mapa de muestreo identifica ubicación y orientación respecto al cordón y flujo térmico, tomándose múltiples cupones por zona (metal base, ZTA, metal de aporte). La representatividad se sustenta en la trazabilidad geométrica y la consistencia entre cupones.

C8) La edición de norma que citó no aplica al año de fabricación.

Se cita la edición vigente al momento del diseño/fabricación para criterios de conformidad histórica y, cuando corresponde, la edición actual para FFS. Se indica el párrafo específico y se justifica la transposición si fue necesaria.

C9) ¿Cuál es su margen de error y cómo afecta su conclusión?

Para HV10 la incertidumbre expandida (k=2) fue ±6 HV; para OES, las incertidumbres por elemento se basan en materiales de referencia certificados. Aun en el peor caso, las mediciones cruzan los umbrales normativos en la misma dirección, por lo que la clasificación de conformidad no cambia.

C10) ¿Por qué no hizo también [prueba X]?

Se seleccionaron las pruebas A y B por mayor poder discriminante y mejor relación señal-ruido para diferenciar entre H1 y H2. La prueba X sería confirmatoria y, si el tribunal lo solicita, puede realizarse sin alterar el diagnóstico principal.

C11) ¿Puede afirmar con certeza absoluta?

En ciencia se trabaja con grados de confianza. Con el conjunto de evidencias A+B+C, la explicación más consistente es X. Se declaran incertidumbres y limitaciones; las alternativas no explican los datos observados.

C12) ¿Está emitiendo una calificación jurídica (negligencia/culpa)?

No. La opinión del perito se limita a conformidad técnica con ASME VIII/IX, API 579 y normas de ensayo. La valoración jurídica corresponde al tribunal.

Respuestas "listas para estrado"

- Reproducibilidad y normas: Los resultados analíticos son reproducibles conforme a ASTM E415/E18/E384; la conformidad se evaluó respecto de ASME VIII/IX. Un laboratorio competente que replique método y trazabilidad obtendrá conclusiones equivalentes.
- Métodos alternativos: Existen métodos alternativos, pero los empleados son los estandarizados internacionalmente para este fin; maximizan objetividad y confiabilidad y cuentan con aceptación general en la práctica industrial y forense.
- Cadena de custodia: Sí; la cadena se documentó en cada etapa con actas firmadas, sellos inviolables numerados, registro fotográfico y bitácoras. No hubo interrupciones y se aportan los hash de los archivos digitales.

Formato de bolsillo (una página)

- Credenciales y alcance: Referencia breve a formación y objetivo del dictamen.
- Hipótesis: Planteamiento de hipótesis H1/H2/H3.

- Métodos y normas: Listado de métodos y normas aplicadas (E415, E3/E407, E18/E384/ISO 6507, A370, API 579, ASME VIII/IX).
- Evidencias clave: Identificación de número de figura/tabla y lo que demuestra cada una.
- Conclusión: Justificación de por qué H1 es superior a H2/H3.
- Incertidumbre: Valores y su efecto en la decisión técnica.
- Custodia: Descripción de IDs, sellos, hash y procedimiento de trazabilidad.
- Límites: Explicación clara de lo que no cubre el dictamen.

6. Revisión Final y Entrega del Dictamen: Checklists, Plantillas y Criterios Operativos

Instrucciones de Uso para el Control de Calidad

LA VERIFICACIÓN DE la calidad del dictamen se realiza ítem por ítem. Si algún criterio no se cumple, el dictamen no debe entregarse hasta que la situación se corrija. Para cada ítem, se deben utilizar las siguientes marcas: OK cuando cumple, FALTA si está pendiente y N.A. si no aplica (con la debida justificación). Es indispensable anexar evidencia en la que se incluya el folio, versión, fecha y el nombre de quien verifica. Asimismo, se debe actualizar la hoja de control de cambios con la versión del dictamen, fecha y responsable.

Checklist Legal (L-1)

Ítem	Criterio de aceptación verificable	Evidencia (folio/ archivo)	Estatus
L1	Registro vigente del perito (tribunal/CJF/TSJ), coincide con nombre, especialidad y periodo de vigencia	Copia constancia vigente	
L2	Nombramiento en la causa (acuerdo/auto) y aceptación del cargo	Copia acuerdo + acuse de aceptación	
L3	Fundamentación constitucional y procesal: se citan preceptos aplicables de CPEUM y CNPP (derecho de defensa, contradicción, oralidad, prueba pericial) con finalidad de la cita	Sección "Fundamento legal" con referencias específicas	
L4	Alcance del encargo: preguntas periciales y límites de competencia expresos	Sección "Objeto y Alcance"	
L5	Protesta de decir verdad incluida y firmada al cierre del dictamen	Cláusula y firma autógrafa	
L6	Declaración de imparcialidad y conflicto de interés (negativa o revelación motivada)	Cláusula firmada	
L7	Cadena de custodia íntegra (formatos, sellos, firmas, cronología sin huecos)	Formatos CC-01...CC-0n	
L8	Aviso de confidencialidad y tratamiento de datos (si aplica)	Cláusula en portada o anexos	

NOTA: EVITA EN EL TEXTO juicios jurídicos como culpa o negligencia. Limítate a la conformidad técnica.

Checklist Técnico (T-1)

Ítem	Criterio de aceptación verificable	Evidencia (folio/archivo)	Estatus
T1	Hipótesis técnicas claramente establecidas (H1/H2/H3) y criterios de refutación	Sección “Planteamiento e Hipótesis”	
T2	Normas aplicadas listadas con edición/año y pertinencia; se especifica párrafo/tablas decisivas	Tabla de normatividad	
T3	Metodología reproducible con árbol de decisión de ensayos	Diagrama/tabla	
T4	Muestreo representativo: mapa de corte, orientación, zonas; correlación muestra ↔ foto ↔ resultado	Croquis y tabla de correspondencia	
T5	Preparación metalográfica conforme a normas; micrografías con escala y metadatos	Bitácora LAB-MET y Figuras	
T6	Dureza/ensayos mecánicos con norma exacta, número de indentaciones, promedios, desviación e incertidumbre k=2	Tabla de resultados + cálculo de incertidumbre	
T7	Composición química con MRC y curvas de calibración; LoD/LoQ si aplica	Reporte químico con calibración	
T8	Fractografía SEM/EDS: parámetros, áreas, firmas morfológicas y anotaciones	Informe SEM/EDS	
T9	FFS (API 579): nivel de evaluación declarado, supuestos, factores limitantes y decisión operativa	Hoja FFS con inputs/outputs	
T10	Calibración y trazabilidad: certificados vigentes, trazabilidad a SI y control de materiales de referencia	Certificados + listado equipos/series	
T11	Control de calidad de datos: gestión de outliers, unidades SI consistentes, redondeo correcto	Protocolo de QA/QC	
T12	Reproducibilidad: réplica interna o plan de repetición crítica; justificación si no procede	Nota técnica	
T13	Limitaciones explícitas y sensibilidad de conclusiones a supuestos	Sección “Limitaciones y Sensibilidad”	
T14	Conclusión alineada a evidencia: matriz Hipótesis ↔ Evidencia ↔ Conclusión completada y coherente	Tabla H-E-C	

Checklist de Evidencia Gráfica y Tablas (G-1)

Ítem	Criterio de aceptación verificable	Evidencia	Estatus
G1	Figuras numeradas, pie con qué muestra, dónde, cómo, parámetros; flechas/anotaciones didácticas sin ocultar detalles	Carpeta / Fig.	
G2	Escalas visibles y legibles (μm, mm), no insertadas como texto flotante; resolución suficiente para impresión	Revisión pre-prensa	
G3	Tablas con unidades SI, incertidumbre y criterio normativo (columna "umbral/criterio" y semáforo de conformidad)	Tablas finales	
G4	Trazabilidad imagen-muestra: ID cruzado en pie de figura y en tabla de muestras	Tabla cross-ID	
G5	Integridad digital: archivos maestros con hash SHA-256 y metadatos preservados	Informe de hash	

Checklist Formal (F-1)

Ítem	Criterio de aceptación verificable	Evidencia	Estatus
F1	Estructura completa: portada/encabezado, objeto, antecedentes, metodología, resultados, discusión, conclusiones, recomendaciones (si aplica), anexos	Índice y revisión secciones	
F2	Lenguaje claro: resumen ejecutivo (máx. 2 págs) y glosario de tecnicismos críticos	Resumen + glosario	
F3	Citas y referencias formateadas (normas, manuales, literatura) con edición/año	Bibliografía	
F4	Coherencia de numeración: figuras, tablas, anexos, páginas	Revisión de referencias cruzadas	
F5	Ortografía y estilo: revisión final, voz técnica, sin coloquialismos	Lista de control editorial	
F6	Firma autógrafa, sello del perito, datos de identificación profesional (cédula, registro, contacto), lugar y fecha	Página de cierre	
F7	Control de versiones: código de documento (ID-Versión-Fecha), historial de cambios	Hoja de control	

Checklist de Integridad Digital y Entrega (D-1)

Ítem	Criterio de aceptación verificable	Evidencia	Estatus
D1	Formato final: PDF/A con fuentes incrustadas, sin permisos de edición, marcas de agua si procede	Propiedades PDF	
D2	Hash (p. ej., SHA-256) del PDF y de cada anexo digital (imágenes, .csv, .xlsx)	Acta de generación de hash	
D3	Medios de entrega: USB sellado (nº sello), carpeta física foliada, o envío electrónico verificado	Acta de entrega/ recepción	
D4	Compatibilidad: versión alternativa en DOCX sólo para lectura; datos crudos en CSV cuando aplique	Paquete de entrega	
D5	Protección: cifrado/contraseña si se pacta; resguardo interno del paquete espejo	Registro de resguardo	

Plantillas Breves

A) PROTESTA DE DECIR verdad (cláusula):

"Bajo protesta de decir verdad, manifiesto que los hechos y opiniones técnicas vertidos en este dictamen se basan en mi leal saber y entender, conforme a los métodos y normas citados, sin ocultar hechos o circunstancias que puedan afectar mis conclusiones."

B) Declaración de alcance y límites de competencia:

"Este dictamen se limita a la evaluación técnico-científica de materiales, soldaduras y mecanismos de falla respecto de las normas citadas. No emite calificaciones jurídicas ni determina responsabilidades legales, las cuales competen a la autoridad."

C) Nota de edición de normas (conformidad vs. época):

"Para conformidad histórica se consideró la edición de la norma vigente al momento de diseño/ fabricación; para aptitud para servicio (FFS) se aplicó la edición vigente a la fecha del análisis. Se indican párrafos específicos utilizados."

D) Matriz H-E-C (Hipótesis–Evidencia–Conclusión) mínima:

H	Evidencias (norma/fig./tabla)	Resultado	Conclusión
H1	...	...	...
H2	...	...	...

Criterios de "Go/No-Go" antes de Entregar

- NO-GO si: falta registro vigente, hay huecos en cadena de custodia, no se declara incertidumbre, o la conclusión no se alinea a la evidencia.
- GO cuando: L-1, T-1, G-1, F-1 y D-1 están en OK; el control de versión está actualizado y el paquete de entrega preparado con hash y acta.

Recomendación Operativa Final

SE RECOMIENDA IMPRIMIR cinco juegos: (i) expediente del tribunal (con anexos críticos), (ii) tu paquete espejo sellado, (iii) contraparte, (iv) tu litigante y (v) por si acaso. Conserva copia digital inmutable con hash y bitácora de quien accede. Esto garantiza una defensa sólida en audiencia y la auditabilidad futura.

7. Correlación de la Falla con el Fundamento de Responsabilidad

Objeto

EL OBJETIVO DE ESTE apartado es establecer un método estandarizado para vincular los hallazgos de falla, tales como los obtenidos a través de técnicas de metalografía, ensayos de dureza, fractografía y análisis Fitness-For-Service (FFS), con el fundamento de responsabilidad aplicable al caso en cuestión. Este fundamento puede ser de carácter contractual, es decir, derivado del incumplimiento de una especificación técnica pactada (contrato, pedido, planos, WPS/PQR, ITP), o bien de carácter objetivo o extracontractual, cuando se infringe una norma de orden público (por ejemplo, una NOM de seguridad industrial, API de inspección o aptitud, NACE en ambientes agresivos) y se crea un riesgo a terceros o al ambiente, independientemente de que exista o no un contrato entre la víctima y el fabricante u operador.

Es importante señalar que el perito no tiene la función de calificar jurídicamente la culpa, sino de demostrar: (i) el deber técnico aplicable, (ii) el incumplimiento técnico y (iii) el nexo causal entre la falla o daño y dicho incumplimiento. La calificación legal corresponde exclusivamente al tribunal.

Metodología en 6 pasos (trazable y falsable)

1. Fuente del deber (FdD):
2. En materia contractual, la fuente del deber se identifica en la cláusula, plano, memoria, ITP, WPS/PQR, MTR o la hoja de datos correspondiente.
3. En materia de orden público, se atiende a la NOM aplicable (por ejemplo, NOM-020-STPS para recipientes a presión), API (510, 570, 579, 653 según el equipo), o NACE (como MR0175/ISO 15156 o MR0103 para servicios con H_2S o refinación).
4. Requisito técnico operativo (RTO):
5. Consiste en convertir el deber en parámetros medibles, como temperatura y tiempo de PWHT, dureza máxima, composición según ASTM/ISO, espesor mínimo o criterio de aceptación explícito en la norma.
6. Verificación de conformidad (VC):
7. Se realiza mediante ensayos normados (ASTM E415, E3/E407, E18/E384/ISO 6507, A370, SEM/EDS), asegurando trazabilidad metrológica y reportando la incertidumbre (k=2). El resultado se clasifica como Cumple, No cumple o Indeterminado (explicando la razón de la indeterminación).
8. Nexo causal técnico (NCT):

9. Se establece un modelo de daño (por ejemplo, fractomecánica como K_I vs K_IC, mapas de dureza en la ZTA, mecanismos de corrosión como SSC/SCC, análisis de tensiones, o aplicación de API 579-FFS) para determinar si el incumplimiento técnico es la causa de la falla.
10. Se plantea un escenario contrafactual: ¿el cumplimiento del RTO habría evitado la falla o reducido sustancialmente su probabilidad?
11. Previsibilidad técnica (PT):
12. Se verifica si la literatura y las normas anticipan el mecanismo de falla hallado bajo el incumplimiento detectado (por ejemplo, dureza elevada en ZTA que aumenta la propensión a fractura frágil o SSC en ambientes con H_2S).
13. Trazabilidad probatoria (TP):
14. Se asegura la cadena de custodia, la correspondencia entre muestra, foto y tabla, el hash de archivos y la cita precisa de los párrafos o tablas normativos utilizados.

Matriz de correlación técnica-jurídica (MC-TJ)

Elemento	**Contractual**	**Objetiva/Extracontractual**
FdD (deber)	Cláusula/ITP/WPS/PQR/MTR/plano pactado	Norma obligatoria (NOM), API/NACE aplicables por seguridad/ambiente
RTO (criterio medible)	Parámetros acordados (PWHT, grado ASTM, NDE requerido, etc.)	Límite/criterio de norma (espesor, dureza, inspección, material apto)
VC (ensayos)	ASTM/ISO acordes al RTO del contrato	ASTM/ISO/NOM/API/NACE exigidos
NCT (nexo)	Ausencia de RTO → mecanismo de falla demostrado	Inobservancia de norma → riesgo/falla demostrado
PT (previsible)	Literatura/norma reconoce ese mecanismo	Norma lo contempla como riesgo típico
Resultado pericial	"Incumplimiento técnico del contrato"	"Incumplimiento técnico de norma de orden público"

Caso tipo A: Responsabilidad Contractual

EN ESTE CASO SE ILUSTRA la omisión del tratamiento térmico post-soldadura (PWHT) en una tubería bajo la norma ASME B31.3 con material martensítico o de baja tenacidad.

- FdD: El contrato o ITP establece el PWHT conforme ASME B31.3 para soldaduras en materiales específicos. El WPS/PQR define la ventana de temperatura y tiempo, así como el enfriamiento controlado.

- RTO: Se exige temperatura y tiempo de PWHT, validación de PQR y calificación de soldador, así como dureza máxima post-PWHT en la zona afectada térmicamente (ZTA).
- VC: Los ensayos de dureza (ASTM E18/E384/ISO 6507) muestran valores superiores a los esperados tras un PWHT adecuado. La metalografía (E3/E407) muestra martensita revenida insuficiente y precipitación inadecuada. Además, los registros de producción no evidencian la ejecución del PWHT.
- NCT: La fractografía SEM revela clivaje e iniciación en la ZTA; el análisis de tensiones (σ_hoop y concentradores) y la evaluación FFS (API 579) determinan que la condición no es apta. El análisis contrafactual indica que, de haberse realizado el PWHT conforme, la tenacidad habría aumentado y la probabilidad de falla se habría reducido significativamente.
- PT: Tanto la bibliografía como la propia norma B31.3 prevén el efecto negativo de la omisión del PWHT en la tenacidad y dureza de la ZTA.
- Conclusión técnica (modelo):
- Existe incumplimiento técnico contractual: el PWHT exigido no se ejecutó/validó; la ZTA muestra durezas y microestructura incongruentes con un PWHT conforme. El mecanismo de falla (fractura frágil en ZTA) es congruente con esa omisión. Bajo el escenario contrafactual con PWHT conforme, la probabilidad de falla se reduce significativamente.

Caso tipo B: Responsabilidad Objetiva / Extracontractual

ESTE CASO EJEMPLIFICA la no conformidad con una norma de seguridad o ambiente que genera riesgo a terceros, por ejemplo, el uso de material no apto para servicio con H_2S.

- FdD: Se identifica la NOM de seguridad industrial aplicable, la norma NACE correspondiente para resistencia a SSC/SCC en servicios con H_2S y la API de inspección/aptitud según el activo.
- RTO: Se evalúa la aptitud del material/proceso al ambiente, considerando composición, dureza máxima, microestructura, recubrimientos y protecciones, así como la frecuencia y alcance de inspección y los criterios de aceptación.
- VC: Se detecta dureza superior al umbral aplicable, evidencia de microfisuración, química no apta, ausencia de recubrimiento o protección cuando la norma lo exige y plan de inspección incumplido. La evaluación FFS (API 579) clasifica la condición como no apta o exige mitigación obligatoria.
- NCT: El mecanismo de daño observado es previsto por NACE para ese ambiente/material.

El riesgo creado implica la liberación potencial de fluido peligroso o energía, lo que puede afectar a terceros o al ambiente, sin que medie relación contractual entre las personas afectadas.

- PT: El estándar de orden público anticipa ese riesgo y fija parámetros para evitarlo.
- Conclusión técnica (modelo):
- Se acredita un incumplimiento técnico a norma de orden público [NOM/NACE/API citada] que crea un riesgo relevante a terceros/ambiente y es congruente con el mecanismo de daño evidenciado. La evaluación FFS clasifica el equipo como no apto en su estado actual. Este incumplimiento es independiente de relaciones contractuales entre las personas afectadas.

Controles de validez (antes de afirmar correlación)

- Trazabilidad completa (muestra-ensayo-figura-tabla).
- Incertidumbre reportada y efecto en decisión (sin alterar la clasificación).
- Alternativas descartadas expresamente, explicando por qué no explican los datos.
- Compatibilidad normativa, citando edición, año y párrafo exacto.
- Reproducibilidad, asegurando que los parámetros y metadatos sean suficientes para replicar el análisis.

Capítulo VI. Casos Prácticos y Estudios Reales

Dictamen Metalúrgico Condensado

Caso 1: Estudio de Fallas en Soldaduras SAW/FCAW en Acero Inoxidable Martensítico AISI 410

I. Antecedentes

SE LLEVÓ A CABO UN análisis detallado de las fallas presentadas en uniones soldadas fabricadas mediante los procesos de Submerged Arc Welding (SAW) y Flux Cored Arc Welding (FCAW). Estas uniones fueron empleadas en la construcción de equipos sujetos a presión elaborados con acero inoxidable martensítico AISI 410. Los equipos operaban bajo condiciones térmicas y mecánicas severas, lo que exigía altos estándares de calidad metalúrgica en las soldaduras.

II. Observaciones Técnicas

EL ANÁLISIS, QUE INCLUYÓ observaciones macroscópicas, metalográficas y fractográficas, arrojó los siguientes hallazgos principales:

- Defectos de origen en el proceso de soldadura:
- Se detectó falta de fusión en los cordones, atribuida a parámetros inadecuados de corriente y voltaje durante la aplicación de la soldadura.
- Se identificó presencia de porosidad distribuida en la zona de unión, relacionada con un control insuficiente del gas de protección y del flujo de escoria.

Zona Afectada Térmicamente (ZAT):

Se evidenció fragilización por temple, resultado de la formación de martensita dura y frágil en la ZAT.

Se observaron signos de sensibilización intergranular relacionados con la precipitación de carburos de cromo, lo que generó una pérdida localizada de resistencia a la corrosión.

Fractografía:

Las grietas iniciaron en la ZAT y se propagaron bajo un mecanismo frágil, favorecidas por esfuerzos térmicos de operación y cargas de fatiga.

La superficie de fractura presentó rasgos de clivaje, lo que confirmó el carácter frágil de la falla.

III. Conclusión Técnica

LA INTEGRIDAD ESTRUCTURAL de las soldaduras SAW/FCAW en acero inoxidable martensítico AISI 410 quedó comprometida debido a deficiencias en la aplicación de los parámetros de soldadura, un control metalúrgico insuficiente en la ZAT y las condiciones de servicio, que aceleraron la propagación de grietas de origen frágil. Como resultado, las fallas observadas representan un riesgo directo tanto para la seguridad como para el funcionamiento de los equipos. Por ello, es indispensable implementar procedimientos de soldadura calificados (WPS/PQR) según ASME IX, así como una inspección no destructiva exhaustiva en la ZAT.

IV. Recomendación

- Recalificar los procedimientos de soldadura ajustando los parámetros a las propiedades específicas del AISI 410.
- Aplicar tratamientos térmicos posteriores a la soldadura (PWHT) con el objetivo de mitigar la fragilización por temple.
- Realizar inspecciones periódicas en servicio utilizando técnicas de ultrasonido y líquidos penetrantes, especialmente enfocadas en la zona afectada térmicamente.

Dictamen Metalúrgico Condensado

Caso 2: Colapso en Estructuras Metálicas por Fatiga

I. Antecedentes

EN EL PRESENTE CASO se analiza una serie de fallas catastróficas registradas en estructuras metálicas sometidas a cargas cíclicas, centrándose principalmente en vigas de puentes industriales que están expuestas a vibraciones y solicitaciones dinámicas constantes. La fatiga metálica ha sido identificada como el principal factor responsable de aproximadamente el 60% de los fallos estructurales graves, lo que resalta la importancia de considerar este fenómeno tanto en el diseño como en el mantenimiento de componentes que deben tener una larga vida útil.

II. Observaciones Técnicas

EL ANÁLISIS TÉCNICO permitió identificar el origen, la evolución y el desenlace del daño observado en las estructuras evaluadas.

- Origen del daño: La iniciación de grietas se localizó en zonas con concentración de esfuerzos, tales como cordones de soldadura, uniones atornilladas y entallas geométricas. Estos defectos iniciales funcionaron como puntos críticos para la nucleación de microgrietas bajo la acción de cargas repetitivas.
- Mecanismo de propagación: El desarrollo de las grietas mostró un crecimiento estable, evidenciado por la presencia de patrones estriados típicos de la fatiga de bajo crecimiento. El uso de microscopía electrónica de barrido (SEM) permitió identificar estrías asociadas al avance cíclico de la grieta, las cuales se prolongaron hasta alcanzar la zona de fractura final.
- Colapso final: La fractura de las estructuras se produjo de manera súbita y frágil, sin que existiera una deformación plástica significativa. Este comportamiento es característico de materiales que han acumulado daño por fatiga a lo largo del tiempo. En el caso específico de las vigas de puentes industriales, se identificó que la ausencia de inspecciones periódicas mediante ultrasonido facilitó la propagación inadvertida de microgrietas, lo que finalmente llevó al colapso de la estructura.

III. Conclusión Técnica

SE CONCLUYE QUE EL colapso de la estructura metálica estudiada se debió a un mecanismo de fatiga progresiva, iniciado en puntos de concentración de esfuerzos y agravado significativamente por la falta de una detección oportuna de microgrietas. El daño se acumuló de manera silenciosa, hasta que desembocó en una fractura de tipo frágil y repentina, con el consiguiente compromiso de la seguridad global de la estructura.

IV. Recomendación

- Implementar programas de inspección periódica utilizando ultrasonido y técnicas avanzadas de monitoreo estructural, con el objetivo de detectar grietas en etapas tempranas y prevenir fallas catastróficas.

- Aplicar principios de diseño preventivo enfocados en reducir los concentradores de esfuerzos, reforzando adecuadamente las uniones soldadas y atornilladas.
- Establecer protocolos de mantenimiento predictivo, fundamentados en el análisis de vibraciones y en estudios de vida a fatiga, como el uso de curvas S–N o de Wöhler.
- Incorporar en la normativa interna la obligatoriedad de realizar evaluaciones no destructivas conforme a los estándares de ASME, AWS y AASHTO, especialmente para estructuras sometidas a solicitaciones dinámicas.

Caso 3: Análisis Fitness-for-Service (FFS) según API 579-1 / ASME FFS-1 Nivel 3

Material a examinar en el Caso 3 – FFS Nivel 3

EL PERITO DEBE REALIZAR una revisión exhaustiva solicitando y analizando varios elementos fundamentales. Entre estos, es indispensable obtener muestras físicas del componente dañado, como cupones o testigos extraídos de áreas representativas que presenten corrosión localizada, grietas o ampollas, así como superficies de fractura para efectuar estudios fractográficos.

Adicionalmente, se deben recopilar los registros de operación y mantenimiento, que incluyen el historial de presiones, temperaturas y ciclos térmicos, junto con reportes previos de inspección como ultrasonido, radiografía y observaciones visuales boroscópicas.

También es necesario contar con los planos y especificaciones técnicas, que abarcan los diseños originales con espesores nominales y los códigos de diseño aplicables, tales como ASME VIII, TEMA y normas internas. Finalmente, deben integrarse modelos de análisis estructural, obteniendo datos geométricos y propiedades del material para simulaciones mediante Análisis por Elemento Finito (FEA), así como resultados de ensayos mecánicos y de corrosión complementarios, tales como pruebas de tensión, impacto, dureza y corrosión acelerada.

Dictamen Metalúrgico Condensado

I. Antecedentes

SE REALIZÓ UN ANÁLISIS Fitness-for-Service (FFS) de Nivel 3 conforme a los estándares API 579-1 / ASME FFS-1. Este procedimiento fue aplicado a un equipo sometido a presión que presentaba defectos en forma de corrosión localizada y grietas superficiales. El propósito del análisis fue establecer la vida útil remanente (RUL) del componente y evaluar su seguridad estructural bajo las condiciones de operación actuales.

II. Observaciones Técnicas

DURANTE LA EVALUACIÓN de daño, se identificaron pérdidas de espesor que exceden el 20% respecto al diseño original, además de la presencia de grietas superficiales en zonas con alta concentración de esfuerzos.

En cuanto a la metodología aplicada, se desarrolló un modelo de elementos finitos (FEA) para analizar la concentración local de esfuerzos y la propagación de grietas. Asimismo, se llevaron a cabo ensayos de tenacidad a la fractura (K_IC) y de corrosión acelerada para caracterizar el estado del material en servicio.

Los resultados obtenidos revelaron que el margen de seguridad está comprometido, con una vida útil remanente considerablemente reducida. Bajo escenarios de operación prolongada, existe un alto riesgo de que ocurra una falla catastrófica, lo que representa importantes riesgos económicos y patrimoniales.

III. Conclusión Técnica

EL COMPONENTE SOMETIDO a análisis no cumple con los criterios de integridad estructural establecidos en API 579-1 / ASME FFS-1 Nivel 3. La disminución del espesor y la presencia de grietas imposibilitan que el equipo opere de manera segura a mediano plazo.

IV. Recomendación

SE RECOMIENDA LA SUSTITUCIÓN inmediata del componente o su reparación mayor siguiendo procedimientos calificados y aprobados. En caso de optar por la reparación, se debe recalificar el equipo mediante pruebas de presión hidrostática y la realización completa de pruebas no destructivas (NDT).

Además, se sugiere actualizar los programas de mantenimiento, basándolos en inspección predictiva y análisis FFS recurrentes, poniendo especial énfasis en la detección de corrosión y grietas.

Dictamen Metalúrgico Condensado

Caso 4: Falla en Turbina por Mecanismos de Creep y Fatiga-Creep

I. Antecedentes

EL DICTAMEN PRESENTADO aborda la falla hallada en los álabes de una turbina de generación eléctrica expuesta a temperaturas operativas superiores a 400 °C. Estas condiciones extremas provocan que el mecanismo de creep, o fluencia lenta, represente el principal riesgo para la integridad estructural de los componentes. Esta situación se ve agravada por la presencia de fatiga-creep, especialmente cuando la turbina está sujeta a esfuerzos cíclicos derivados de procesos de arranque, paro y variaciones de carga.

II. Observaciones Técnicas

- Examen microestructural:
- Se identificaron voids y microporosidades localizadas en los límites de grano, lo cual es característico del daño por creep en etapa terciaria. A través de microscopía electrónica, fue posible observar cavidades coalescentes que favorecieron la nucleación de grietas intergranulares.
- Correlación con horas de operación:
- El tamaño y la densidad de los voids mostraron una relación directa con las horas acumuladas de servicio, superando los valores previstos por las curvas de referencia Larson-Miller. Como resultado, se estimó un tiempo de vida remanente reducido, insuficiente para asegurar una operación segura de la turbina.
- Mecanismo de falla:
- El análisis fractográfico evidenció una propagación intergranular, típica del creep avanzado, en combinación con la presencia de estrías de fatiga en zonas sometidas a esfuerzos cíclicos. Se concluye que la falla ocurrió por una sinergia entre creep y fatiga, acelerada por condiciones de sobrecalentamiento transitorio.

III. Conclusión Técnica

LA FALLA DETECTADA en el álabe de la turbina se atribuye a un daño progresivo por creep y fatiga-creep, manifestado por la nucleación de cavidades en los límites de grano y la posterior propagación intergranular hasta la fractura. Los hallazgos sugieren que la causa raíz radica en la operación fuera de los parámetros térmicos de diseño, más que en un defecto inherente del material.

IV. Recomendación

- Implementar un programa de inspección metalográfica in situ mediante réplicas en superficie para monitorear la cavitación por creep en los componentes más críticos.
- Reducir los transitorios térmicos de arranque y paro, optimizando la gestión operacional de la turbina.
- Establecer criterios de sustitución de componentes basados en estimaciones de vida remanente utilizando parámetros de Larson-Miller y ensayos de fluencia.
- Revisar y recalibrar las condiciones de diseño térmico con el objetivo de prevenir futuros sobrecalentamientos.

CASO 5. Propuesta de Mitigación y Soluciones Híbridas en Recipiente a Presión de Acero Inoxidable Martensítico AISI 410

DICTAMEN METALÚRGICO Condensado

I. Antecedentes

SE LLEVÓ A CABO LA evaluación de un recipiente a presión fabricado con acero inoxidable martensítico AISI 410. Este material es conocido por su susceptibilidad a sufrir fragilización por temple, especialmente en la zona afectada térmicamente (ZAT) tras procesos de soldadura. Durante la inspección, se detectaron diversos defectos que representan un riesgo elevado de fractura bajo condiciones normales de operación. El perito, en su función técnica-consultiva, tiene la responsabilidad no solo de diagnosticar las fallas detectadas, sino también de proponer soluciones prácticas que mitiguen el riesgo y permitan prolongar la vida útil del equipo.

II. Observaciones Técnicas

ESTADO DEL MATERIAL: Se observó la presencia de microestructuras frágiles de martensita en la ZAT, resultado de un enfriamiento brusco durante el proceso de soldadura. Además, se identificaron microgrietas intergranulares y una disminución significativa de la tenacidad local en la zona intervenida.

Riesgo identificado: El recipiente presenta un alto potencial de fractura frágil cuando está sometido a presurización. Existe, asimismo, un riesgo considerable de propagación de grietas, principalmente originadas y aceleradas por los ciclos térmicos y mecánicos inherentes a su operación.

III. Conclusión Técnica

EL ANÁLISIS REALIZADO concluye que el recipiente a presión muestra condiciones de fragilización metalúrgica que comprometen su integridad estructural. Si no se implementa una intervención de mitigación adecuada, el equipo permanece expuesto a un elevado riesgo de falla prematura, lo que puede generar consecuencias significativas tanto desde el punto de vista de la seguridad como del patrimonio.

IV. Propuesta de Mitigación: Soluciones Híbridas

ANTE LA SITUACIÓN DETECTADA, se recomienda la aplicación de un procedimiento híbrico de reparación y post-tratamiento térmico, específicamente adaptado a las características del acero inoxidable martensítico AISI 410. Entre las acciones sugeridas se encuentran:

- Realización de un templado y revenido controlado, aplicando un tratamiento posterior a la soldadura (PWHT) para disminuir las tensiones residuales y restaurar la tenacidad del material.
- Aplicación de tratamientos térmicos in situ, utilizando sistemas de inducción o resistencias eléctricas que permitan ciclos controlados sin necesidad de desmontar el equipo.
- Empleo de procedimientos de soldadura calificados (WPS/PQR) conforme a la normativa ASME IX, ajustando los parámetros para evitar la formación excesiva de martensita frágil.
- Implementación de monitoreo metalográfico in situ mediante réplicas y ensayos no destructivos (NDT) posteriores al tratamiento, con el fin de verificar la efectividad del proceso realizado.

V. Recomendación Final

SE CONCLUYE QUE LA viabilidad del recipiente depende no solo del diagnóstico de la fragilización, sino principalmente de la implementación de acciones correctivas híbridas que integren procedimientos de reparación con tratamientos térmicos. Este enfoque proporciona al juez o cliente una ruta de acción técnica confiable y segura, evitando la sustitución inmediata del equipo y demostrando la autoridad científica del perito en su dictamen.

Caso 6: Análisis de Corrosión y Fractomecánica

Dictamen Metalúrgico Condensado

I. Antecedentes

EN ENTORNOS INDUSTRIALES críticos, como refinerías y plantas petroquímicas, la corrosión representa una de las principales causas de degradación en equipos y estructuras metálicas. Este fenómeno, además de disminuir el espesor útil de los componentes, puede, en combinación con solicitaciones mecánicas, provocar fallas prematuras de alto impacto. La fractomecánica provee herramientas cuantitativas para relacionar el daño por corrosión con la resistencia a la fractura del material, lo que permite determinar la viabilidad de servicio de los equipos afectados.

II. Observaciones Técnicas

1. Tipos de corrosión identificados:
2. Generalizada: pérdida uniforme de espesor en tuberías y recipientes a presión.
3. Localizada: presencia de pitting y corrosión intergranular en aceros inoxidables sensibilizados por precipitación de carburos de cromo.
4. Corrosión bajo tensión (SCC): agrietamiento asistido por ambientes con cloruros.
5. Corrosión-fatiga: nucleación y propagación acelerada de grietas en zonas sometidas a esfuerzos cíclicos en medios agresivos.
6. Fractomecánica aplicada:
7. Se realizaron evaluaciones mediante parámetros críticos como CTOD (Crack Tip Opening Displacement) para medir la capacidad de deformación plástica en la punta de grieta y KIC (tenacidad a la fractura) para cuantificar la resistencia del material a la propagación frágil.

8. Los valores obtenidos evidenciaron una reducción significativa en materiales con alto grado de corrosión localizada, lo que indica una pérdida de margen de seguridad estructural.
9. Hallazgos clave:
10. La combinación de corrosión y solicitación mecánica acelera la pérdida de integridad estructural.
11. En los componentes revisados, la vida útil resultó considerablemente menor en comparación con los cálculos de diseño originales.

III. Conclusión Técnica

LOS ANÁLISIS CONFIRMAN que la corrosión, en sus distintas modalidades, reduce tanto la sección resistente como la tenacidad del material, incrementando la vulnerabilidad a fallas súbitas. El enfoque fractomecánico permitió definir umbrales críticos de operación: algunos equipos pueden seguir en servicio bajo condiciones controladas, mientras que otros requieren retiro inmediato para evitar fallas catastróficas.

IV. Recomendación

- Implementar un programa de inspección integral que incluya monitoreo de corrosión (cupones de corrosión, inspección visual y ultrasonido para medir espesores), complementado con ensayos de fractomecánica periódicos.
- Aplicar tratamientos térmicos de solubilización en aceros inoxidables para reducir la sensibilización intergranular.
- Sustituir componentes cuyos valores de KIC o CTOD estén por debajo de los límites establecidos en API 579-1 / ASME FFS-1 Nivel 3.
- Adoptar estrategias de protección anticorrosiva, como el uso de recubrimientos, inhibidores y control del medio.

Plantillas de Análisis de Fallas Tipo Ishikawa y FMEA

EL DIAGRAMA ISHIKAWA o de causa-efecto es útil para analizar las causas de fallas en soldaduras de intercambiadores. Por ejemplo, ante una fractura en un tubo, se consideran factores como métodos (parámetros de soldadura inadecuados), materiales (acero 410 mal tratado térmicamente), mano de obra (soldador no calificado conforme a ASME IX), medio (corrosión por fluidos agresivos) y maquinaria (equipo SAW descalibrado).

Por otro lado, la tabla FMEA (Failure Mode and Effects Analysis) ayuda a identificar los modos de falla, sus causas y efectos, además de evaluar la severidad, ocurrencia y detección para calcular el Número de Prioridad de Riesgo (NPR). Ejemplos incluyen la fragilización por temple en tubos AISI 410 y la falta de fusión en soldaduras FCAW.

Análisis Causa Raíz de Fallas en Intercambiadores de Calor AISI 410: Enfoque Ishikawa y FMEA (Failure Mode and Effects Analysis).

1. Diagrama de Ishikawa (Causa-Efecto)

EL ANÁLISIS DE CAUSA-efecto, conocido como diagrama de Ishikawa, se empleó para identificar y visualizar los factores que contribuyeron a la fractura en un tubo de intercambiador de calor fabricado en acero inoxidable martensítico AISI 410. El efecto principal considerado fue la fractura en el tubo, cuyo origen se abordó a través de seis categorías clave: métodos, materiales, mano de obra, maquinaria, medio ambiente y entorno de servicio.

En la categoría de Métodos, se detectaron desviaciones críticas como la utilización de parámetros de soldadura fuera de lo especificado en los WPS, la omisión del tratamiento térmico post-soldadura (PWHT) requerido por los códigos ASME VIII y IX, y la falta de inspección radiográfica completa en juntas consideradas críticas, incumpliendo la normativa ASME VIII UW-51.

Respecto a Materiales, se observó que el acero inoxidable martensítico 410 no presentaba una microestructura templada y revenida adecuada. Además, se identificaron variaciones en la composición química respecto a las normas ASTM A240/A268, destacando un posible exceso de azufre o fósforo. Asimismo, la fragilización por temple asociada a un enfriamiento rápido en la zona afectada por el calor contribuyó a la falla.

En cuanto a la Mano de Obra, se detectó que los soldadores no estaban calificados conforme a ASME IX, careciendo de PQR/WPQ válidos. Se presentaron errores humanos en la alineación de tubos y placas tubulares, así como prácticas empíricas sin apego a procedimientos escritos.

La Maquinaria empleada también influyó negativamente, ya que se utilizaron equipos SAW descalibrados en cuanto a voltaje y amperaje, hornos de PWHT sin certificación ni control adecuado de temperatura, y dispositivos de fijación en mal estado que generaron esfuerzos residuales no deseados.

Finalmente, en el Medio (Entorno de Servicio), la presencia de cloruros y sulfuros en los fluidos procesados, condiciones de operación fuera de los parámetros de diseño (como presión y temperatura superiores a lo especificado), y ciclos térmicos repetitivos que inducen fatiga térmica, fueron factores relevantes.

De esta manera, el diagrama de Ishikawa permitió concluir que la fractura no es un hecho aislado, sino el resultado de una acumulación de omisiones y deficiencias en diversas etapas y áreas del proceso.

2. Análisis FMEA (Failure Mode and Effects Analysis)

El análisis FMEA se utilizó para identificar los modos de falla, sus efectos, causas y su criticidad cuantificada mediante el Número de Prioridad de Riesgo (NPR). Se construyó una tabla donde se listaron los siguientes modos de falla:

- Fragilización por temple en tubo 410: Se asoció a fractura súbita bajo presión. La causa principal fue la omisión del PWHT y el enfriamiento rápido en la zona afectada por calor, con el NPR más alto (378).
- Falta de fusión en soldadura FCAW: Provocó pérdida de hermeticidad y fuga, debido a parámetros fuera de rango y soldador no calificado, con un NPR de 240.
- Corrosión bajo tensión (SCC): Generó grietas intergranulares, atribuibles a la presencia de cloruros y esfuerzos residuales, con NPR de 280.
- Inclusiones de escoria en cordón SAW: Actuaron como puntos de inicio para grietas por fatiga, causadas por equipos descalibrados y limpieza deficiente, con NPR de 175.
- Fatiga térmica en servicio: Llevó a fisuras progresivas en zonas de transición, debido a ciclos térmicos no previstos en diseño, con NPR de 192.

La interpretación de estos resultados indicó que el riesgo mayor se asocia a la fragilización por temple en acero 410, confirmando la responsabilidad técnica del fabricante por omitir el PWHT exigido por las normas aplicables. Los riesgos de corrosión bajo tensión y la falta de fusión en soldadura también se identificaron como críticos, ambos relacionados con una deficiente gestión en los procesos de soldadura y control ambiental.

3. Conclusiones del Análisis Causa Raíz

1. El análisis Ishikawa evidenció que la fractura del tubo es producto de deficiencias acumuladas en la selección de parámetros de proceso, tratamiento de materiales, capacitación del personal y control del entorno corrosivo.
2. El FMEA permitió cuantificar la criticidad de los modos de falla, señalando la fragilización por temple y la corrosión bajo tensión como los riesgos más graves, capaces de comprometer tanto la integridad mecánica como el cumplimiento legal del equipo.
3. Desde la perspectiva jurídica, los hallazgos constituyen violaciones a las normas ASME Sección VIII y IX, así como a las especificaciones ET-090 y ET-442 de PEMEX,

fundamentando la responsabilidad objetiva del fabricante al entregar un equipo que resulta intrínsecamente inseguro.

Plantilla – Diagrama Ishikawa (Causa–Efecto) Intercambiador de Calor en AISI 410

Fecha: 2025-10-01 | Proyecto/Equipo: ____________________ | Código aplicable: ASME VIII/IX, API 579, TEMA, NRF/ET PEMEX

Instrucciones: Identifique el EFECTO (problema) y llene los ramales de causa por categoría. Para cada causa, anote evidencia, mediciones, y referencia normativa.

Efecto (a la "cabeza" del pez):

Fractura en tubo / fuga en unión tubo-placa (especifique ubicación, fecha, condiciones de operación)

Categorías (6M) – Liste causas y evidencias:

Métodos (WPS/PWHT/Inspección)	**- Causa 1:** **- Causa 2:** **- Causa 3:** **Evidencia/Norma:**
Materiales (Química/Microestructura)	- Causa 1: - Causa 2: - Causa 3: Evidencia/Norma:
Mano de Obra (Calificación/WPQ)	- Causa 1: - Causa 2: - Causa 3: Evidencia/Norma:
Maquinaria (SAW/FCAW/Horno)	- Causa 1: - Causa 2: - Causa 3: Evidencia/Norma:
Medio (Servicio/Químicos/P&T)	- Causa 1: - Causa 2: - Causa 3: Evidencia/Norma:
Medición (Calibración/NDT/Mapas)	- Causa 1: - Causa 2: - Causa 3: Evidencia/Norma:

Guía rápida de evidencias por categoría:

Métodos: WPS/PQR, registros PWHT, mapas de dureza, RT/UT/PAUT.

Materiales: Certificados (CMTR), metalografía (martensita revenida), química ASTM.

Mano de Obra: WPQ vigente por proceso/posición, trazabilidad.

Maquinaria: Calibración (voltaje/amperaje), hornos con registros de curva térmica.

Medio: Análisis de fluido (cloruros/sulfuros), historial de operación vs diseño.

Medición: Certificados de calibración NDT, procedimientos de inspección.

Nota: El Ishikawa debe complementarse con matriz FMEA para priorizar acciones y con evaluación FFS (API 579) cuando aplique.

8. Ejercicios Prácticos: Correlación de Pruebas con Normativa ASME/API

Cuestionario de Parte – Correlación de Pruebas con Normativa ASME/API

EN EL ÁMBITO DE LA ingeniería forense y la pericia metalúrgica aplicada a recipientes a presión, es fundamental establecer la relación entre los resultados de pruebas técnicas y la normativa vigente. A continuación se presenta una serie de ejercicios prácticos que ejemplifican cómo un perito debe correlacionar hechos probados con los marcos normativos y legales aplicables, así como sus implicaciones en la responsabilidad contractual y extracontractual.

Ejercicio 1. Dureza excesiva en zona de soldadura

HECHO PROBADO: SE DETECTA una dureza de 46 HRC en la zona afectada por el calor (ZAC) de un acero inoxidable martensítico tipo 410.

1. ¿Conforme al Código ASME Sección VIII, Div. 1, es aceptable que la dureza supere los 35 HRC en una soldadura de un recipiente a presión fabricado en acero inoxidable martensítico 410?
2. ¿Qué implicaciones metalúrgicas y de seguridad conlleva exceder dicho límite de dureza en la integridad del equipo?
3. ¿Cuál es la correlación entre esta dureza (46 HRC) y el riesgo de fragilización por temple o fisuración retardada por hidrógeno, según la evidencia científica y los lineamientos de API 579-1/ASME FFS-1 en materia de Fitness-for-Service?

Respuesta esperada del perito:

- No es aceptable conforme al ASME VIII, ya que el límite máximo permitido es de 35 HRC.
- El exceso de dureza implica pérdida de tenacidad, incremento en el riesgo de agrietamiento durante el servicio y posibilidad de falla catastrófica.
- Se configura un incumplimiento tanto contractual como normativo, lo que implica responsabilidad técnica por parte del fabricante.

Ejercicio 2. Porosidad en soldadura detectada por radiografía

HECHO PROBADO: UNA radiografía industrial revela porosidad extensa en una unión soldada de un recipiente a presión.

1. ¿Qué normas específicas regulan la aceptabilidad de discontinuidades internas como la porosidad en soldaduras de recipientes a presión?
2. ¿Debe evaluarse únicamente bajo los criterios de calificación de procedimiento y soldador de la ASME IX, o también bajo criterios de evaluación estructural de la API 579-1/ASME FFS-1?
3. ¿Cuál es el criterio técnico-jurídico para determinar si dicha porosidad constituye un defecto inaceptable que compromete la seguridad del recipiente?

Respuesta esperada del perito:

- La porosidad debe evaluarse conforme a ASME IX (calificación del procedimiento) y ASME VIII (aceptabilidad en fabricación).
- Para determinar el riesgo en servicio, es necesario aplicar los lineamientos de API 579-1 (Fitness-for-Service).
- La presencia de porosidad extensa se considera inaceptable y representa un incumplimiento normativo, generando responsabilidad objetiva por violación a normas de orden público.

Ejercicio 3. Microgrietas intergranulares por exposición a H_2S

HECHO PROBADO: EN UN acero inoxidable se observan microgrietas intergranulares tras exposición prolongada a un medio con H_2S.

1. ¿Qué norma nacional e internacional resulta aplicable para evaluar la resistencia de aceros inoxidables en ambientes sulfurosos (H_2S)?
2. ¿Es aplicable la norma NACE MR0103 en este caso y qué obligaciones impone en términos de selección de materiales y soldaduras?
3. Desde la perspectiva legal, ¿constituye esta condición una violación a normas de orden público en materia de seguridad industrial, aunque no esté expresamente señalada en el contrato?

Respuesta esperada del perito:

- La norma aplicable es NACE MR0103, vigente para entornos con sulfuros en refinerías y plantas químicas.

- Dicha norma impone requisitos para la selección de materiales resistentes al agrietamiento por esfuerzos inducidos por sulfuros (sulfide stress cracking).
- Desde el punto de vista jurídico, la presencia de microgrietas constituye una violación a normas de seguridad industrial, lo que genera responsabilidad extracontractual u objetiva por el riesgo creado, incluso si no está explícitamente mencionado en el contrato.

Valor probatorio de este cuestionario

LAS PREGUNTAS AQUÍ expuestas obligan al perito a establecer una correlación directa entre los hechos probados y las normativas técnicas y jurídicas aplicables. El propósito es evidenciar el incumplimiento normativo, lo que deriva en responsabilidades tanto contractuales como extracontractuales. Esta estrategia busca que el juez comprenda no solo el aspecto técnico (como la dureza, porosidad o microgrietas), sino también sus implicaciones legales en términos de riesgo, incumplimiento y responsabilidad.

Ejercicios Prácticos: Correlación de Pruebas con Normativa ASME/API

Cuestionario de Parte – Correlación de Pruebas con Normativa ASME/API

EN EL ÁMBITO DE LA pericia metalúrgica aplicada a recipientes a presión, la correlación entre los resultados de pruebas técnicas y la normativa vigente es esencial para determinar la aceptabilidad de los hallazgos y sus implicaciones legales. A continuación, se desarrollan tres ejercicios prácticos que ilustran esta correlación.

Ejercicio 1. Dureza excesiva en zona de soldadura

HECHO PROBADO: SE HA detectado una dureza de 46 HRC en la zona afectada por el calor (ZAC) de un acero inoxidable martensítico tipo 410.

- Pregunta 1: Según el Código ASME Sección VIII, División 1, ¿es aceptable que la dureza en una soldadura de un recipiente a presión fabricado en acero inoxidable martensítico 410 supere los 35 HRC?
- Pregunta 2: ¿Qué consecuencias metalúrgicas y de seguridad implica exceder ese límite de dureza para la integridad del equipo?
- Pregunta 3: ¿Qué relación existe entre esta dureza (46 HRC) y el riesgo de fragilización por

temple o fisuración retardada por hidrógeno, conforme a la evidencia científica y los lineamientos de API 579-1/ASME FFS-1 en materia de Fitness-for-Service?

Respuesta esperada del perito:

- No es aceptable conforme a ASME VIII, ya que el límite máximo permitido es de 35 HRC.
- El exceso de dureza implica una disminución de la tenacidad, aumento del riesgo de agrietamiento en servicio y posibilidad de falla catastrófica.
- Este resultado configura un incumplimiento contractual y normativo, atribuyendo responsabilidad técnica al fabricante.

Ejercicio 2. Porosidad en soldadura detectada por radiografía

HECHO PROBADO: UNA radiografía industrial revela porosidad extensa en una unión soldada de un recipiente a presión.

- Pregunta 4: ¿Qué normas específicas regulan la aceptabilidad de discontinuidades internas como la porosidad en soldaduras de recipientes a presión?
- Pregunta 5: ¿Debe evaluarse la porosidad únicamente bajo los criterios de calificación de procedimiento y soldador de la ASME IX, o también bajo los criterios de evaluación estructural de la API 579-1/ASME FFS-1?
- Pregunta 6: ¿Cuál es el criterio técnico-jurídico para determinar si la porosidad constituye un defecto inaceptable que pone en riesgo la seguridad del recipiente?

Respuesta esperada del perito:

- La porosidad debe evaluarse conforme a ASME IX (calificación del procedimiento) y ASME VIII (aceptabilidad en fabricación).
- Para determinar el riesgo en servicio, es necesario aplicar API 579-1 (Fitness-for-Service).
- La presencia de porosidad extensa es inaceptable y representa un incumplimiento normativo, generando responsabilidad objetiva por violación de normas de orden público.

Ejercicio 3. Microgrietas intergranulares por exposición a H_2S

HECHO PROBADO: EN UN acero inoxidable se observan microgrietas intergranulares tras una exposición prolongada a un medio con H_2S.

- Pregunta 7: ¿Qué norma nacional e internacional aplica para evaluar la resistencia de aceros inoxidables en ambientes sulfurosos (H_2S)?
- Pregunta 8: ¿Es aplicable la norma NACE MR0103 en este caso y cuáles son las obligaciones en cuanto a selección de materiales y soldaduras?
- Pregunta 9: Desde la perspectiva legal, ¿constituye esta condición una violación a normas de orden público en materia de seguridad industrial, aunque no esté expresamente señalada en el contrato?

Respuesta esperada del perito:

- La norma aplicable es NACE MR0103, que regula entornos con sulfuros en refinerías y plantas químicas.
- Esta norma impone requisitos para la selección de materiales resistentes al cracking por esfuerzo en presencia de sulfuro.
- Desde el punto de vista jurídico, la condición configura una violación a normas de seguridad industrial, lo que implica responsabilidad extracontractual u objetiva por el riesgo generado.

Valor probatorio de este cuestionario

LAS PREGUNTAS PLANTEADAS obligan al perito a correlacionar hechos probados con normas técnicas y jurídicas, orientando el análisis hacia la demostración de incumplimiento normativo. Esto deriva en la atribución de responsabilidad contractual y/o extracontractual. La estrategia busca que el juez comprenda no solo el hecho técnico (dureza, porosidad, grietas), sino también su trascendencia legal en cuanto a riesgo, incumplimiento y responsabilidad.

Capítulo VII. Desafíos y Perspectivas

La psicología del testimonio y los sesgos en la prueba pericial

LA FIABILIDAD DE LA prueba pericial en el ámbito metalúrgico no depende únicamente de la aplicación rigurosa de la metodología científica, sino también de la forma en que el perito comunica sus hallazgos al juez. La psicología del testimonio resalta que tanto el juez como las partes pueden ser influenciados por sesgos cognitivos al valorar las pruebas presentadas. Por ejemplo, en ocasiones se otorga mayor peso a un dictamen debido al prestigio del perito, en lugar de enfocarse en el contenido objetivo del informe. Asimismo, el propio perito puede incurrir en sesgos de confirmación, al interpretar los datos de manera que respalden su hipótesis inicial y no contemplar alternativas.

La manera en que el perito se expresa, incluyendo su lenguaje corporal, el tono de voz y la seguridad con la que expone sus conclusiones, puede afectar la percepción del juez tanto como la calidad técnica de su dictamen. Por estas razones, la neutralidad científica y la capacidad de comunicación clara y precisa se convierten en pilares fundamentales para la credibilidad del testimonio experto en juicio.

Lista de control sobre sesgos cognitivos a evitar

- Sesgo de confirmación: Interpretar los resultados únicamente para sostener la hipótesis inicial, sin considerar alternativas.
- Exceso de confianza: Considerar un hallazgo como concluyente sin contemplar los márgenes de error inherentes al análisis.
- Sesgo de autoridad: Suponer que el prestigio del perito puede sustituir el análisis científico riguroso.
- Efecto halo: Permitir que un aspecto positivo del dictamen, como una buena presentación, influya en la valoración total de la prueba.
- Sesgo de disponibilidad: Sobredimensionar la importancia de una falla por el hecho de haberla observado frecuentemente en otros casos.

El futuro del peritaje metalúrgico: digitalización, simulación numérica e inteligencia artificial

LA EVOLUCIÓN TECNOLÓGICA está transformando profundamente la práctica del peritaje metalúrgico. Uno de los avances más significativos es la digitalización de la evidencia, que incluye el escaneo 3D de fracturas, el uso de microscopía electrónica digital y el almacenamiento sistemático de información en bases de datos forenses. Estas herramientas permiten conservar y compartir la evidencia de manera eficiente y segura.

Por otra parte, la simulación numérica mediante métodos como los elementos finitos (FEM) y la dinámica de fluidos computacional (CFD) posibilita reproducir digitalmente el comportamiento estructural de los materiales, anticipando la propagación de grietas o evaluando la respuesta de recipientes sometidos a condiciones críticas. Además, la inteligencia artificial ha comenzado a integrarse mediante sistemas expertos capaces de asistir en la clasificación de fallas, el análisis fractográfico automático y la predicción de mecanismos de corrosión-fatiga.

Aunque estas herramientas amplían la capacidad predictiva y probatoria del perito, su implementación efectiva en el ámbito judicial exige una capacitación continua y la validación científica de los métodos empleados, para asegurar su aceptación y confiabilidad ante los tribunales.

Perspectiva comparada: modelos de prueba pericial en América Latina y Europa

EN MÉXICO Y AMÉRICA Latina, la transición reciente al sistema penal acusatorio ha supuesto desafíos significativos para el peritaje metalúrgico. Los peritos enfrentan limitaciones relacionadas con los recursos disponibles, la capacitación desigual y la falta de homologación normativa en los procedimientos. Sin embargo, algunos países de la región, como Chile y Colombia, han avanzado en la integración de protocolos de cadena de custodia y la acreditación de laboratorios, fortaleciendo la validez de la prueba pericial.

En contraste, en Europa, países como España, Alemania y Francia cuentan con sistemas consolidados en los que el peritaje metalúrgico se basa en laboratorios certificados bajo la norma ISO 17025 y en la práctica de la pericia colegiada, donde varios expertos revisan cada caso para reducir la influencia de sesgos individuales. El principal reto para México es avanzar hacia la unificación de criterios técnicos y jurídicos, alineándose con los estándares internacionales para reforzar la confianza en la prueba pericial.

Recomendaciones para actualización continua del perito

- Mantener vigentes las certificaciones técnicas correspondientes, tales como ASME, AWS, API y NACE.
- Participar activamente en foros y congresos internacionales relacionados con la metalurgia y el derecho probatorio.

- Capacitarse regularmente en técnicas de comunicación efectiva y en psicología del testimonio para mejorar la presentación de los dictámenes ante los tribunales.
- Actualizarse en jurisprudencia y en los criterios judiciales relevantes sobre la prueba pericial.
- Establecer un sistema personal de gestión del conocimiento, que incluya una base de datos con dictámenes, casos previos y bibliografía especializada.

Guía para el Uso de Simulación Avanzada en el Análisis Crítico de Ingeniería (ECA)

EL USO DE HERRAMIENTAS de simulación numérica, como el Análisis por Elemento Finito (FEA) y la termodinámica computacional, es esencial en el Análisis Crítico de Ingeniería (ECA) aplicado al peritaje metalúrgico. Estas herramientas no sustituyen la evidencia física, sino que la complementan al cuantificarla, permitiendo proyectar el comportamiento de falla y determinar el tiempo de agotamiento o la Vida Útil Remanente (RUL) de los componentes en estudio.

Aplicaciones Recomendadas de Software y su Función Específica

Software	Aplicación Principal en Peritaje	Valor Probatorio
ANSYS / Abaqus	Simulación por Elementos Finitos (FEA) para análisis de fatiga, creep y fractomecánica. Permite modelar la propagación de grietas y el estado tensional residual.	Cuantifica el estado de tensiones en áreas no accesibles (por ejemplo, la ZAC de una soldadura), estableciendo la causalidad por sobreesfuerzo.
JMatPro / ThermoCalc	Predicción de diagramas de fases y transformaciones cinéticas (TTT/CCT). Es crucial para determinar la fragilización o sensibilización de aceros inoxidables.	Demuestra la violación del procedimiento de tratamiento térmico (PWHT) mediante la predicción microestructural, apoyando la negligencia.
COMSOL Multiphysics	Modelado de corrosión-fatiga (CF), transporte de masa y calor. Esencial para estudiar el fenómeno de Stress Corrosion Cracking (SCC).	Modela la interacción entre el medio corrosivo y el material, vinculando la falla al diseño de fluido o al control químico de proceso.
ImageJ / Dragonfly	Análisis cuantitativo de imagen (metalografía y fractografía). Permite medir tamaño de grano, distribución de porosidad (voids por creep) o la cuantificación de fases.	Aporta datos estadísticos irrefutables sobre el daño microestructural, alejando el dictamen de la simple observación cualitativa.

Metodología para la Admisibilidad Probatoria del FEA

LA INTEGRACIÓN DE LA simulación en el dictamen pericial requiere seguir un protocolo estricto que asegure tanto su validez procesal como científica:

- Definición de la hipótesis cuantificable: Es indispensable establecer claramente la pregunta que la simulación responderá. Por ejemplo: ¿La concentración de esfuerzos en la boquilla excedía el límite de fluencia a la temperatura de operación, generando fatiga de bajo ciclo?
- Ingreso de parámetros calibrados: Se deben utilizar parámetros obtenidos de ensayos de laboratorio, como la composición química, las propiedades mecánicas tanto del material base como de la zona afectada por calor (ZAC), y las condiciones límite de operación registradas en los logs de SCADA/PLC.
- Ejecución de la simulación y análisis de convergencia: Es necesario documentar el proceso de mallado y asegurar que la solución del modelo ha alcanzado la convergencia numérica, garantizando así la fiabilidad del resultado. El objetivo es obtener mapas de tensiones

equivalentes (Von Mises), estimaciones de vida a la fatiga (curvas S-N) o el cálculo del factor de intensidad de esfuerzos (KI) para fractomecánica.

- Validación cruzada (la regla de oro): El resultado de la simulación debe ser validado mediante la correlación con la evidencia física. Por ejemplo, el punto de máxima tensión predicho por FEA debe coincidir con la zona de iniciación de la grieta observada en la fractografía o con la zona de mayor dureza registrada experimentalmente.
- Documentación y exposición: Es fundamental integrar los resultados gráficos (mapas de colores) en el dictamen, empleando un lenguaje claro y analógico para que el juzgador comprenda la distribución de esfuerzos sin perder el rigor científico. La simulación funge así como el fundamento matemático que respalda la conclusión metalúrgica.

CAPÍTULO VIII. SUMARIO ESTRATÉGICO Y PROYECCIÓN DEL PERITAJE METALURGICO.

El Eje Metalurgia-Derecho: Integración Filosófica y Procesal

Convergencia entre Ciencia Material y Ciencia Jurídica

EL CAPÍTULO FINAL DEL manual establece el Eje Metalurgia-Derecho como un punto de convergencia esencial, no solo conectando sino integrando de manera profunda la ciencia de los materiales con la ciencia jurídica. El peritaje metalúrgico, entendido como una disciplina autónoma, trasciende el mero campo técnico y se eleva a una categoría procesal y filosófica. De esta forma, se convierte en un puente auténtico entre los códigos propios de la materia y las reglas del derecho probatorio mexicano.

La Búsqueda Compartida de la Verdad

LA RELACIÓN ENTRE LA metalurgia y el derecho va más allá de lo instrumental; implica reconocer que ambos campos persiguen un mismo fin: la búsqueda de la verdad. La metalurgia aporta a través de sus métodos analíticos la verdad de la materia, mientras que el derecho procesal, mediante las normas de admisibilidad y valoración, organiza y jerarquiza esa verdad en el marco de un proceso justo y equitativo.

Esta integración está basada en la premisa filosófica de que la verdad material revelada por la ciencia debe transformarse en verdad procesal, legítimamente reconocida por el tribunal. El perito deja de ser solo un testigo técnico, convirtiéndose en un mediador ontológico capaz de traducir el lenguaje de los átomos y microestructuras en un discurso comprensible para jueces y abogados.

El Rol Estratégico del Perito Metalúrgico

EL FUTURO DE LA DISCIPLINA exige que el perito metalúrgico vaya más allá de responder preguntas técnicas. En el ámbito judicial, debe defender su dictamen bajo contrainterrogatorio, dominando tanto los principios de ASME y API como las reglas de contradicción procesal. En escenarios arbitrales, especialmente en disputas internacionales, se requiere la elaboración de dictámenes bilingües sustentados en normas de aceptación global, fortaleciendo la credibilidad técnica. En el ámbito administrativo y regulador, el perito participa en auditorías técnicas de organismos como PEMEX o CFE, donde la admisibilidad técnica se entrelaza con responsabilidades de orden público.

El Ciclo Hermenéutico: De la Observación Científica a la Convicción Judicial

LA INTEGRACIÓN DEL Eje Metalurgia-Derecho se apoya en un ciclo hermenéutico que inicia con la observación científica de fracturas, durezas y microestructuras. Continúa con la interpretación normativa según códigos internacionales, seguida de la traducción jurídica que califica los hechos como incumplimientos contractuales u omisiones normativas. Finalmente, culmina con la convicción judicial, donde la evidencia se incorpora como fundamento de responsabilidad. Este proceso convierte al perito en el forjador de certezas jurídicas a partir de realidades materiales.

Proyección Estratégica y Futuro Institucional

EL EJE ESTRATÉGICO proyecta un futuro en el que el peritaje metalúrgico se institucionaliza como campo interdisciplinario en universidades y colegios de abogados. Se desarrollan protocolos homologados que armonizan las normas técnicas internacionales con la práctica judicial mexicana, se incorporan herramientas digitales de simulación e inteligencia artificial para fortalecer la reproducibilidad científica, y el papel del perito se eleva como actor de justicia técnica cuyas conclusiones inciden directamente en la protección de derechos fundamentales, la seguridad industrial y el medio ambiente.

La Columna Vertebral del Sistema de Justicia Industrializado

EL EJE METALURGIA-DERECHO representa mucho más que un puente: es la columna vertebral que sostiene la credibilidad del sistema de justicia en un contexto industrializado. En este eje confluyen la objetividad de la ciencia y la formalidad del derecho, generando un espacio donde la verdad de la materia se transforma en justicia procesal.

Así, el perito metalúrgico del futuro será, esencialmente, un filósofo de los metales y jurista de las pruebas, capaz de narrar ante el tribunal la historia oculta en una fractura con la misma elocuencia con la que un poeta revela la condición humana.

Visión Estratégica: Temas Esenciales del Manual

LA ESTRUCTURA FUNDAMENTAL de este manual está cimentada en cuatro ejes que configuran una perspectiva integral y prospectiva de la práctica pericial en materia metalúrgica. Estos ejes no funcionan como compartimentos estancos, sino que se entrelazan y refuerzan mutuamente, conformando el núcleo de la credibilidad de la prueba técnica, la cual funge como el principal soporte para la decisión judicial.

El Marco Dual: Flexibilidad Procesal y Responsabilidad

EL PRIMER EJE, DENOMINADO marco dual, establece la distinción esencial entre dos esferas procesales que enfrenta el perito. En el ámbito del Sistema Penal Acusatorio, bajo los lineamientos del CNPP, la pericia se orienta prioritariamente a la salvaguarda de derechos fundamentales y al cumplimiento del principio de contradicción. Por otro lado, en litigios patrimoniales —regidos por el CNPCF y procedimientos arbitrales—, la labor pericial se centra en demostrar la relación entre la falla técnica y el fundamento de responsabilidad, que puede ser objetiva (cuando deriva de riesgos creados por violaciones a normas de orden público) o contractual (cuando se acredita el incumplimiento de especificaciones convenidas). Esta doble estructura permite al perito adaptarse con flexibilidad a las exigencias tanto de la justicia penal como de la civil y comercial, ampliando su campo de acción y pertinencia en diferentes escenarios jurídicos.

Metodología Inatacable: Rigor Científico y Trazabilidad

EL SEGUNDO EJE, LA metodología inatacable, constituye la piedra angular sobre la que descansa la credibilidad del dictamen pericial. Aquí se exige la aplicación estricta de los estándares de cientificidad, como lo establece el Criterio Daubert, el cual demanda que la prueba sea verificable, reproducible y aceptada por la comunidad científica. A esto se suma la observancia de la cadena de custodia de la evidencia digital conforme a la norma ISO/IEC 27037, garantizando así la integridad y trazabilidad de los datos analizados. Se incorporan herramientas avanzadas, como el Fitness-For-Service (FFS) Nivel 3 y la simulación mediante FEA, que no solo cuantifican la magnitud de la falla, sino que también permiten anticipar escenarios de riesgo, eliminando cualquier posible cuestionamiento sobre la falta de rigor técnico.

Herramienta de Síntesis: Matriz de Cumplimiento Normativo

LA HERRAMIENTA DE SÍNTESIS se materializa en la Matriz de Cumplimiento Normativo (MCN), la cual cumple la función de traducir los resultados obtenidos en laboratorio —como valores de dureza, microestructura o tenacidad— en consecuencias jurídicas concretas. Así, la MCN permite identificar situaciones como el incumplimiento de garantías, la invalidez contractual o la configuración de actos ilícitos. De esta manera, la MCN se convierte en un puente entre el lenguaje técnico de la ingeniería y la gramática jurídica, facilitando al juez la comprensión y valoración del dato científico en la toma de decisiones.

Habilidad Crítica: Comunicación y Persuasión en Audiencia

EL CUARTO EJE, LA HABILIDAD crítica, reconoce que la función pericial no concluye con la entrega del dictamen escrito. El examen definitivo se realiza en la audiencia, donde el perito se enfrenta al principio de contradicción. En ese escenario, la claridad pedagógica y la capacidad de persuasión son esenciales. El perito exitoso es aquel que, sin abandonar el rigor científico, sabe utilizar analogías y metáforas que permitan al juez y a los abogados comprender con facilidad conceptos técnicos como diagramas de tensiones o perfiles de dureza, transformando información compleja en relatos comprensibles y convincentes.

Estos cuatro ejes articulan una visión estratégica de largo alcance: un peritaje que se fundamenta en la ciencia, se legitima en el proceso judicial, trasciende el dictamen escrito y adquiere su verdadera dimensión en la audiencia. Así, el perito no solo narra la falla de un material, sino que contribuye activamente a la formación de la convicción judicial.

Conclusiones Fundamentales: Los Tres Pilares del Peritaje Metalúrgico

LA PRÁCTICA PROFESIONAL del peritaje metalúrgico en México se sustenta en tres principios esenciales, que definen el papel del perito como auxiliar de la justicia y le otorgan solidez técnico-jurídica a la prueba científica. Estos pilares consolidan la credibilidad, utilidad procesal y legitimidad del dictamen pericial, constituyendo la base sobre la cual se construye la intervención experta en litigios de alta complejidad.

Independencia Técnica como Deber Fiduciario

EL PRIMER PILAR DEL peritaje metalúrgico es la independencia técnica, considerada un deber fiduciario ineludible. El perito debe buscar la verdad técnico-científica, manteniéndose ajeno a presiones comerciales, políticas o administrativas. Esta independencia responde tanto a exigencias éticas como a requisitos procesales, pues un dictamen influenciado por intereses externos puede perder credibilidad y ser desestimado conforme a los criterios de valoración de prueba establecidos por el Código Nacional de Procedimientos Penales (CNPP) y el Código Nacional de Procedimientos Civiles y Familiares (CNPCF).

La independencia técnica exige fortaleza mental y resiliencia profesional. El perito debe sostener sus conclusiones frente a intereses económicos, institucionales o corporativos, rechazando cualquier directriz externa que pretenda modificar resultados de ensayos metalográficos, mecánicos o de corrosión. Solo las conclusiones basadas en estándares científicos reconocidos —como ASME, API, ASTM y NACE— aseguran la validez probatoria de su dictamen y la relevancia de su intervención en el proceso judicial.

El Dictamen como Causalidad Cuantificada

EL SEGUNDO PILAR SE centra en la función del dictamen como herramienta para establecer una causalidad cuantificada. El verdadero valor jurídico del dictamen no reside únicamente en la descripción técnica de defectos o fallas, sino en la demostración objetiva y medible del nexo causal entre la desviación ingenieril y el daño patrimonial o riesgo ocasionado. Esta relación causal es indispensable para determinar responsabilidades de carácter contractual o extracontractual.

Para alcanzar este objetivo, el perito debe aplicar metodologías internacionalmente reconocidas. Herramientas como el Fitness-For-Service (FFS) Nivel 3, conforme a API 579-1/ASME FFS-1, permiten establecer si un equipo puede continuar en servicio o debe ser retirado. Técnicas como el análisis termodinámico y el uso de fractomecánica (KIC, CTOD) proporcionan parámetros numéricos que vinculan de manera directa una soldadura deficiente o un tratamiento térmico inadecuado con la probabilidad de falla. Estas metodologías constituyen la base para que el juez o árbitro advierta que el incumplimiento técnico tiene consecuencias concretas, medibles y previsibles.

Transición de Documento a Testimonio

EL TERCER PILAR RECONOCE la necesidad de trascender el dictamen escrito para asumir el papel de testigo científico en la audiencia oral. La credibilidad del perito se fundamenta tanto en la solidez metodológica de su dictamen —el cual debe ser replicable, sustentado en normas técnicas y susceptible de contraste por peritos de la contraparte— como en su capacidad de comunicación. Es imprescindible que el perito pueda explicar resultados complejos, como el análisis FEA de esfuerzos en recipientes a presión, utilizando recursos comprensibles para jueces y abogados.

El Criterio Daubert, empleado por los tribunales para admitir o excluir pruebas científicas, exige que el testimonio pericial esté basado en principios verificables, con tasa de error conocida y aceptación en la comunidad científica. Bajo este estándar, el perito que carece de claridad expositiva o fundamentos técnicos corre el riesgo de que su opinión sea descartada. Por ello, la transición de documento a testimonio implica preparación para la defensa bajo contrainterrogatorio, manejo de preguntas capciosas y dominio de analogías pedagógicas que permitan traducir conceptos metalúrgicos a un lenguaje procesal claro. De esta habilidad depende que la verdad científica se considere como verdad judicial.

En conclusión, los tres pilares —independencia técnica, causalidad cuantificada y transición de documento a testimonio— conforman el marco operativo y estratégico que legitima la actuación del perito metalúrgico. La ausencia de alguno de estos principios resta valor a la prueba; su presencia, en cambio, convierte el dictamen en una herramienta de convicción robusta, capaz de sustentar decisiones judiciales y arbitrales en escenarios de alta exigencia técnica.

Recomendaciones Estratégicas para el Perito Metalúrgico: Perspectiva de Product Manager

El dictamen pericial como producto de alto valor

DESDE LA VISIÓN DE un Product Manager, las recomendaciones estratégicas para el perito metalúrgico deben concebirse como un mapa evolutivo donde convergen el conocimiento técnico, la práctica jurídica y la innovación tecnológica. El objetivo central es transformar el dictamen pericial en una herramienta robusta de verdad técnica y convicción judicial, capaz de sostenerse y destacar en procesos complejos.

Gestión dinámica del conocimiento normativo

LA GESTIÓN DEL CONOCIMIENTO no puede limitarse a la mera acumulación de normas y experiencias previas. Se exige un proceso vivo que rastree, en tiempo real, las actualizaciones de estándares internacionales como ASME, API, ASTM, NACE y PEMEX, integrándolas de inmediato a la práctica profesional. Este enfoque se traduce en la administración del ciclo de vida del dictamen: versiones preliminares, revisiones cruzadas y validaciones finales, replicando la lógica de mejora continua de un producto tecnológico.

Integración del pensamiento jurídico desde el inicio

EL PROCESO DE INVESTIGACIÓN debe incorporar el razonamiento jurídico desde la formulación de la hipótesis técnica. La inspección inicial tiene que identificar tanto las desviaciones ingenieriles como prever el marco de responsabilidad aplicable—sea contractual, objetiva o extracontractual—, para que el dictamen nazca alineado con la relevancia jurídica requerida. Es recomendable valerse de matrices de responsabilidad y someter la hipótesis técnica a revisiones legales previas, garantizando que la narrativa científica se exprese en el lenguaje adecuado para el tribunal.

Oratoria técnica como diferenciador clave

EL IMPACTO DEL DICTAMEN trasciende el documento escrito y se juega en la audiencia oral. La diferenciación del perito depende de su claridad expositiva, la capacidad de anticipar preguntas hostiles y la habilidad de explicar complejidades técnicas mediante analogías precisas y comprensibles. Es fundamental ensayar audiencias simuladas y adoptar un lenguaje multimodal, que combine recursos visuales y rigor científico, fortaleciendo así la autoridad del perito ante jueces y abogados.

Modernización en la gestión de evidencia digital

EN EL MANEJO DE EVIDENCIA digital, la práctica debe actualizarse con el mismo rigor que la cadena de custodia física. Protocolos internacionales como ISO/IEC 27037 deben guiar el aseguramiento de datos operacionales, imágenes de microscopía y simulaciones. Herramientas tecnológicas emergentes, como blockchain, ofrecen posibilidades para certificar la inmutabilidad de la evidencia digital, mientras que los dashboards interactivos pueden demostrar la trazabilidad completa de los resultados presentados ante el tribunal.

Resiliencia y ética como núcleo estratégico

LA RESILIENCIA PROFESIONAL y la ética no son cualidades accesorias, sino el núcleo estratégico de la práctica pericial. La objetividad bajo presión, la serenidad ante intentos de desacreditación y la proyección de independencia técnica configuran una reputación que se convierte en ventaja competitiva. La ética legitima al perito como auxiliar de justicia y lo posiciona como referente de confianza en un entorno cada vez más exigente.

Innovación tecnológica como horizonte profesional

EL FUTURO DEL PERITAJE requiere la adopción de innovaciones tecnológicas relevantes: la aplicación de gemelos digitales para simular fallas, el uso de inteligencia artificial explicativa para predecir fenómenos como corrosión y fatiga, así como la creación de foros especializados para documentar tendencias. Estas acciones consolidarán al perito como pionero y no como simple intérprete de normas.

El perito como product owner de la verdad técnica

EN SÍNTESIS, EL PERITO metalúrgico debe asumirse como el verdadero product owner de la verdad técnica en litigio. Su producto no se reduce al dictamen escrito, sino que abarca la integración jurídica desde la primera inspección, la defensa oral convincente, la gestión rigurosa de la evidencia—física y digital—y una autoridad ética indiscutible. Este enfoque integral hará que su práctica sea efectiva en el presente y estratégica para el futuro de la justicia industrial.

Horizontes Estratégicos para la Práctica Pericial Metalúrgica

Horizonte de corto plazo (1 año)

EN EL PRIMER AÑO, LA consolidación de la base técnica y organizativa es prioritaria para el fortalecimiento de la práctica pericial. Es fundamental implementar un sistema vivo de gestión del conocimiento, capaz de rastrear de manera constante las actualizaciones normativas emitidas por organismos como ASME, API, ASTM, NACE y PEMEX. Este sistema permitirá que el perito mantenga su labor alineada con los estándares más recientes y pertinentes en la industria.

Simultáneamente, se deben establecer protocolos rigurosos de cadena de custodia digital, tomando como referencia la norma ISO/IEC 27037. Esto asegurará que tanto la evidencia física como la digital cuenten con una trazabilidad incuestionable a lo largo de todo el proceso, reforzando la integridad y la validez de los dictámenes presentados.

Durante este periodo, es esencial que el perito practique simulaciones de audiencias orales, enfrentando contradicciones con colegas que representen a las contrapartes. Estas prácticas le permitirán afinar sus habilidades de exposición y defensa técnica en el entorno judicial. Además, la ética profesional y la independencia técnica deben proyectarse como valores fundamentales de la marca personal del perito, reforzándose en cada dictamen para construir una reputación sólida y lograr una diferenciación competitiva en el sector.

Horizonte de mediano plazo (3 años)

UNA VEZ CIMENTADA LA base técnica y ética, el siguiente paso, a tres años, es transformar la práctica pericial en una plataforma híbrida que integre de manera efectiva los aspectos técnicos y jurídicos. El perito adoptará un enfoque legal-first desde el inicio de cada caso, utilizando matrices de responsabilidad que permitan vincular las fallas ingenieriles identificadas con obligaciones contractuales o posibles violaciones a normas de orden público. Este modelo contribuirá a reducir ambigüedades y a fortalecer el valor probatorio de los dictámenes.

En paralelo, se impulsará el desarrollo de herramientas digitales de apoyo, tales como dashboards interactivos para la presentación de evidencia en tribunales y reportes generados mediante software de simulación, que facilitarán la comprensión de los análisis técnicos por parte de las autoridades judiciales. En esta etapa también se iniciará la incorporación de tecnologías innovadoras, como el uso de gemelos digitales para recrear escenarios de falla y la aplicación de algoritmos de inteligencia artificial explicativa en el análisis de fracturas y corrosión.

En cuanto al posicionamiento y la reputación, será el momento de consolidar un observatorio de tendencias técnico-jurídicas en Latinoamérica. La publicación anual de *white papers* permitirá reforzar la autoridad científica y forense del perito, proyectando liderazgo y contribuyendo activamente al desarrollo del campo.

Horizonte de largo plazo (5 años)

A CINCO AÑOS, EL OBJETIVO es convertir la práctica pericial en un referente regional. El perito trascenderá el papel de testigo experto para convertirse en un gestor estratégico de la verdad técnica, con dictámenes reconocidos como estándar de excelencia en la región.

La adopción plena de tecnologías disruptivas permitirá simular fallas en tiempo real durante las audiencias judiciales y registrar la evidencia en blockchain, garantizando así la inmutabilidad probatoria. Además, la integración de la inteligencia artificial se complementará con la utilización de narrativas orales y visuales, las cuales facilitarán la comprensión de la ciencia sin perder el rigor requerido por el entorno judicial.

En este horizonte, la ética y la resiliencia se consolidarán como el núcleo diferenciador del perito. Su prestigio se cimentará no solo en la exactitud técnica de sus dictámenes, sino también en la confianza que inspire su independencia frente a posibles presiones de poderes económicos o políticos.

Finalmente, el perito se posicionará como arquitecto de estándares y mentor de las nuevas generaciones, cerrando así el círculo de aprendizaje continuo y proyectando una práctica sostenible que trascienda al ámbito internacional.

Este roadmap describe un trayecto evolutivo: primero, cimentar bases técnicas y éticas; luego, transformar la práctica mediante la integración jurídica y tecnológica; y finalmente, liderar la construcción de estándares regionales en el peritaje metalúrgico.

Visión híbrida y proyección futura del peritaje metalúrgico

Integración de ciencia y derecho

LA EVOLUCIÓN DEL PERITAJE metalúrgico demanda una transformación profunda en el rol del experto, quien ya no debe limitarse a ser únicamente intérprete de microestructuras o conocedor de códigos técnicos. El perfil ideal es el de un profesional capaz de entrelazar la ciencia con el derecho, manejando con igual destreza tanto los fundamentos de la resistencia a la fractura y la tenacidad de los materiales como la comprensión de su impacto en la responsabilidad contractual u objetiva dentro de los litigios. Así, el perito no solo traduce datos técnicos, sino que los convierte en argumentos jurídicos de peso.

El perito como garante de la justicia técnica

EN ESTE NUEVO ENFOQUE, el perito asume la responsabilidad de garantizar la justicia técnica en los tribunales. Por ejemplo, demostrar que un exceso de dureza en una soldadura no es un dato aislado, sino una desviación normativa de ASME IX que implica un riesgo jurídico y patrimonial. Esta integración entre la evidencia técnica y su traducción jurídica evita la fragmentación y permite construir dictámenes precisos, persuasivos y útiles para el juzgador, elevando el valor probatorio de las conclusiones periciales.

Digitalización de la prueba pericial

EL FUTURO APUNTA HACIA la digitalización de las pruebas, donde la cadena de custodia digital y el uso de gemelos virtuales facilitarán la presentación de fallas simuladas durante las audiencias. Esto permite que lo que antes se mostraba como gráficos o micrografías en papel ahora pueda visualizarse de manera interactiva, haciendo accesible el lenguaje científico sin sacrificar exactitud. La comunicación interdisciplinaria así lograda fortalece la credibilidad del perito ante jueces y abogados.

Resiliencia ética y autoridad profesional

LA RESILIENCIA ÉTICA es el otro pilar fundamental en esta visión moderna del peritaje. En contextos donde los litigios industriales involucran intereses económicos y políticos sustanciales, el perito híbrido debe mantener su independencia ante presiones externas. Su autoridad y prestigio se cimentan tanto en el rigor de sus ensayos y dictámenes como en la coherencia para defender su testimonio científico y jurídico de manera integrada.

El arquitecto de estándares judiciales

POR LO TANTO, EL PERITO metalúrgico del futuro trasciende el perfil de especialista técnico para convertirse en arquitecto de estándares judiciales. Es un profesional que habita simultáneamente los mundos de la ciencia de materiales y el derecho procesal, fusionándolos en un único lenguaje de convicción y justicia.

Manifiesto Estratégico del Perito Híbrido

Ingeniería forense para decisiones críticas

EL PERITAJE METALÚRGICO actual representa una disciplina en plena transición, presionada tanto por las exigencias del sistema judicial mexicano como por la industria. Por un lado, se demanda claridad, rigor y pertinencia técnica; por el otro, la integración entre ciencia y derecho se vuelve imprescindible para resolver conflictos industriales complejos. De esta evolución surge la figura del Perito Híbrido: un profesional que combina la precisión de la ingeniería y la solidez jurídica, asegurando una justicia técnica eficiente y confiable en litigios industriales de alta complejidad.

La ciencia como fundamento

LA SOLIDEZ DEL DICTAMEN pericial nace en el laboratorio y se complementa con el análisis de gabinete. Cada micrografía, cada ensayo de dureza y cada curva de fractomecánica representan piezas fundamentales para reconstruir la cadena causal de la falla investigada. Herramientas como el análisis de integridad API 579, la termodinámica aplicada y la caracterización de microestructuras permiten fundamentar, de manera objetiva, el origen y las consecuencias de la falla, así como su impacto potencial en la seguridad, el patrimonio y el medio ambiente. Estos recursos técnicos, correctamente empleados, convierten la evidencia científica en un respaldo sólido para las decisiones judiciales.

El derecho como lenguaje complementario

EL VALOR PROBATORIO de la evidencia científica depende de su adecuada correlación con el marco normativo aplicable. El perito híbrido comprende que un dato científico aislado carece de relevancia jurídica; por ello, contextualiza sus hallazgos en el entorno regulatorio, empleando normas como ASME VIII, ASME IX, API, ASTM, NOM nacionales o NRF/ET de la industria. Este enfoque transforma, por ejemplo, una dureza excesiva en soldadura en prueba de incumplimiento contractual, o un patrón de corrosión en evidencia de responsabilidad objetiva. Así, ciencia y derecho se articulan en un solo lenguaje, brindando argumentos sólidos y persuasivos ante los tribunales.

La prueba como testimonio científico-jurídico

EL DICTAMEN DEL PERITO híbrido no se limita a ser un documento técnico; se concibe como un testimonio capaz de soportar tanto el escrutinio científico como el jurídico. Desde su origen, el informe pericial se estructura para ser reproducible y persuasivo. El perito prepara sus argumentos, anticipa contradicciones, realiza audiencias simuladas y utiliza analogías visuales y lingüísticas para hacer comprensibles conceptos complejos sin perder exactitud. De este modo, el dictamen funge como un puente entre el rigor de la ingeniería y la lógica de la decisión judicial.

La digitalización como eje del futuro

EL PORVENIR DEL PERITAJE metalúrgico está marcado por la transformación digital. La implementación de cadenas de custodia digitales alineadas con ISO/IEC 27037, el uso de blockchain para asegurar la inmutabilidad de la prueba y la creación de gemelos digitales para simular fallas ante el tribunal son ya tendencias ineludibles. Así, la prueba pericial se convierte en un ecosistema de datos dinámicos, verificables y trazables, capaces de resistir cualquier cuestionamiento procesal y de fortalecer la confianza en el proceso judicial.

La ética como núcleo inquebrantable

LA INDEPENDENCIA Y resiliencia ética son pilares fundamentales del perito híbrido. Ante presiones políticas, económicas o corporativas, el experto debe sostener la verdad técnica como principio rector. La objetividad ante situaciones de estrés, el temple en audiencias complejas y la transparencia metodológica consolidan su autoridad como auxiliar de la justicia. La ética es el elemento que transforma la ciencia en convicción legítima, dotando de valor real a todo dictamen presentado.

Conclusión

EL PERITO HÍBRIDO REPRESENTA la figura del arquitecto de la justicia técnica, capaz de unir ciencia y derecho, laboratorio y tribunal, y de conjugar evidencia física y digital en un solo discurso. Su misión va más allá de resolver casos individuales: define estándares, genera confianza y refuerza el entramado judicial y social. Bajo esta perspectiva, el peritaje metalúrgico trasciende su naturaleza de oficio especializado para convertirse en una estrategia de justicia industrial, donde la ingeniería forense no solo explica fallas, sino que garantiza verdad y responsabilidad ante los tribunales.

Bibliografía

Fuentes doctrinales, normativas y técnicas para el peritaje metalúrgico

1. Doctrina Jurídica y Procesal

Para fundamentar la relación entre ciencia y derecho en el peritaje metalúrgico, se recurrió a obras clave que analizan el proceso legal y el papel del perito dentro del sistema penal acusatorio. Entre ellas destacan los ensayos de Fix-Zamudio sobre derecho procesal constitucional y la teoría general del proceso de Ovalle Favela, que ofrecen marcos teóricos indispensables. Lázaro Ruiz aporta una visión específica sobre la ciencia forense y el contrainterrogatorio, así como el rol del perito en el sistema penal acusatorio. Aguilar Ruiz y Cárdenas Rodríguez abordan el fortalecimiento de los servicios periciales y el peritaje psicológico, respectivamente, en el contexto de la reforma penal en México.

- Fix-Zamudio, H. (2019). Ensayos sobre el Derecho Procesal Constitucional. México: UNAM-IIJ.
- Ovalle Favela, J. (2017). Teoría General del Proceso (11ª ed.). México: Oxford University Press.
- Lázaro Ruiz, E. (2018). Ciencia forense y contrainterrogatorio. México: Editorial Flores.
- Lázaro Ruiz, E. (2019). El perito en el sistema penal acusatorio. México: Editorial Flores.
- Aguilar Ruiz, M. O. (2014). Fortalecimiento de los servicios periciales hacia el nuevo modelo de justicia acusatorio. Nova Iustitia. Revista Digital de la Reforma Penal, 2(6), 81-92.
- Cárdenas Rodríguez, L., & Rodríguez Corona, M. (2014). El peritaje psicológico en el nuevo sistema penal acusatorio. Nova Iustitia. Revista Digital de la Reforma Penal, 2(6), 160-176.
- Guillén López, G. (2014). Ciencias forenses: Retos y perspectivas ante el nuevo proceso penal. Nova Iustitia. Revista Digital de la Reforma Penal, 2(6), 93-104.
- Jaramillo Vela, D. R., & Barriga Fierro, R. (2014). Experiencia del actuar pericial en el sistema penal acusatorio en el estado de Chihuahua. Nova Iustitia. Revista Digital de la Reforma Penal, 2(6), 66-80.
- Medina Alegría, S. M. (2014). Los servicios periciales en el nuevo sistema penal acusatorio. Nova Iustitia. Revista Digital de la Reforma Penal, 2(6), 19-27.
- Pérez Pérez, V. H., & Gómez Huerta, R. E. (2014). El perito en neurociencias y su participación en el juicio oral. Nova Iustitia. Revista Digital de la Reforma Penal, 2(6), 177-188.

- Romero Guerra, A. P. (2014). La cadena de custodia en el Código Nacional de Procedimientos Penales mexicano. Nova Iustitia. Revista Digital de la Reforma Penal, 2(6), 189-203.
- Susano Pompeyo, M., & López Orozco, R. E. (2014). La intervención del perito en el sistema penal acusatorio. Nova Iustitia. Revista Digital de la Reforma Penal, 2(6), 8-18.
- Trujillo Mariel, P. R. L. (2014). La autenticidad en el perito ante el reto del nuevo sistema penal acusatorio. Nova Iustitia. Revista Digital de la Reforma Penal, 2(6), 105-116.
- Valdés Moreno, C. E. (2014). Aspectos significativos en la investigación de las muertes violentas. Nova Iustitia. Revista Digital de la Reforma Penal, 2(6), 117-159.
- Varela Sánchez, A. (2014). La importancia del principio de inmediación y el papel del perito en los juicios orales. Nova Iustitia. Revista Digital de la Reforma Penal, 2(6), 40-65.
- Zariñana Oronoz, C. J. (2014). Puntos a considerar en la actuación del perito en el sistema penal acusatorio. Nova Iustitia. Revista Digital de la Reforma Penal, 2(6), 28-39.

2. Normas Internacionales

LA NORMATIVA INTERNACIONAL proporciona los estándares técnicos y científicos para la evaluación de materiales, soldaduras y procesos metalúrgicos. Entre las principales referencias están los códigos y prácticas recomendadas de API, ASME y ASTM, que rigen la calidad, seguridad y confiabilidad de los equipos y componentes industriales. Además, se incluyen normas de la American Welding Society, la Organización Internacional para la Estandarización (ISO) y la Tubular Exchanger Manufacturers Association, así como el National Board Inspection Code.

- American Petroleum Institute. (2016). API 579-1/ASME FFS-1: Fitness-for-Service. Washington, DC: API Publishing Services.
- American Petroleum Institute. (2020). API Recommended Practice 571: Damage Mechanisms Affecting Fixed Equipment in the Refining Industry (3rd ed.). Washington, DC: API Publishing Services.
- American Society of Mechanical Engineers. (2023). ASME Boiler and Pressure Vessel Code, Section VIII: Rules for Construction of Pressure Vessels (Div. 1). New York: ASME.
- American Society of Mechanical Engineers. (2023). ASME Boiler and Pressure Vessel Code, Section IX: Welding, Brazing, and Fusing Qualifications. New York: ASME.
- American Society for Testing and Materials. (2017). ASTM E2332 – Standard Practice for Investigation and Analysis of Physical Component Failures. West Conshohocken, PA: ASTM International.

- American Society for Testing and Materials. (2022). ASTM E8/E8M – Standard Test Methods for Tension Testing of Metallic Materials. West Conshohocken, PA: ASTM International.
- American Society for Testing and Materials. (2020). ASTM E407 – Standard Practice for Microetching Metals and Alloys. West Conshohocken, PA: ASTM International.
- American Society for Testing and Materials. (2019). ASTM E18 – Standard Test Methods for Rockwell Hardness of Metallic Materials. West Conshohocken, PA: ASTM International.
- American Welding Society. (2020). AWS D1.1/D1.1M: Structural Welding Code – Steel. Miami, FL: AWS.
- American Welding Society. (2021). AWS D1.6/D1.6M: Structural Welding Code – Stainless Steel. Miami, FL: AWS.
- International Organization for Standardization. (2017). ISO/IEC 17025: General requirements for the competence of testing and calibration laboratories. Geneva: ISO.
- International Organization for Standardization. (2012). ISO/IEC 17020: Conformity assessment — Requirements for the operation of various types of bodies performing inspection. Geneva: ISO.
- Tubular Exchanger Manufacturers Association. (2021). TEMA Standards: Standards of the Tubular Exchanger Manufacturers Association (10th ed.). Tarrytown, NY: TEMA.
- National Board of Boiler and Pressure Vessel Inspectors. (2021). NBIC – National Board Inspection Code. Columbus, OH: NBBI.

3. Normatividad Nacional Mexicana

El marco normativo mexicano es esencial para la contextualización jurídica de los hallazgos periciales. Incluye la Constitución Política, códigos procesales civiles y penales, normas oficiales mexicanas (NOM y NMX) y especificaciones técnicas de PEMEX para recipientes sujetos a presión, procedimientos de soldadura e intercambiadores de calor. También se consideran los estándares de competencia de SEP-CONOCER, relevantes para la formación y certificación de peritos.

- Cámara de Diputados del H. Congreso de la Unión. (2023). Constitución Política de los Estados Unidos Mexicanos. México: DOF.
- Cámara de Diputados del H. Congreso de la Unión. (2023). Código Federal de Procedimientos Civiles. México: DOF.
- Cámara de Diputados del H. Congreso de la Unión. (2023). Código Nacional de Procedimientos Penales. México: DOF.
- Comisión Nacional de Normalización. (2019). Normas Oficiales Mexicanas (NOM) y

Normas Mexicanas (NMX). México: Secretaría de Economía.
- Petróleos Mexicanos. (2019). ET-028-PEMEX-2019: Especificaciones para recipientes sujetos a presión. México: PEMEX.
- Petróleos Mexicanos. (2019). ET-090-PEMEX-2019: Procedimientos de soldadura y calificación de soldadores. México: PEMEX.
- Petróleos Mexicanos. (2019). ET-442-PEMEX-2019: Especificaciones para intercambiadores de calor de carcasa y tubos. México: PEMEX.
- Consejo Nacional de Normalización y Certificación de Competencias Laborales. (2020). Estándar de Competencia EC0249: Proporcionar servicios de consultoría general. México: SEP-CONOCER.
- Consejo Nacional de Normalización y Certificación de Competencias Laborales. (2020). Estándar de Competencia EC0301: Impartición de cursos de formación del capital humano de manera presencial grupal. México: SEP-CONOCER.

4. Literatura Técnica y de Consulta

Para el análisis científico y técnico de los materiales y procesos metalúrgicos, se emplean textos especializados en fractomecánica, metalografía y análisis de fallas. Obras como las de Anderson y Vander Voort, así como los manuales de ASM International y los boletines del Welding Research Council, respaldan la interpretación rigurosa de los resultados y la metodología empleada por el perito híbrido.

- Anderson, T. L. (2017). Fracture Mechanics: Fundamentals and Applications (4th ed.). Boca Raton, FL: CRC Press.
- Vander Voort, G. F. (1999). Metallography: Principles and Practice. New York: McGraw-Hill.
- ASM International. (2002). ASM Handbook, Volume 11: Failure Analysis and Prevention. Materials Park, OH: ASM International.
- ASM International. (1993). ASM Handbook, Volume 9: Metallography and Microstructures. Materials Park, OH: ASM International.
- Welding Research Council. (2018). WRC Bulletins: Welding and Pressure Vessel Technology. New York: WRC.

Índice Alfabético

A

B

C

J

L

M

N

O

P

R

S

T

www.ingramcontent.com/pod-product-compliance
Lightning Source LLC
LaVergne TN
LVHW082230051026
849532LV00012B/3928
* 9 7 9 8 2 3 2 4 1 7 5 6 7 *